江门市东湖公园管理所
江门市花木有限公司
江门市园林科学技术研究有限公司　参编
广东丰茂环境建设有限公司

江门地区簕杜鹃品种与应用

主　编　苏达明　陈海扬　何键锋　黄　力　唐文超

中国林业出版社
China Forestry Publishing House

江门地区簕杜鹃品种与应用

主　　编：苏达明　陈海扬　何键锋　黄　力　唐文超

策　　划：王佑芬

特约编辑：吴文静

图书在版编目（CIP）数据

江门地区簕杜鹃品种与应用/苏达明等主编. -- 北京：中国林业出版社, 2024.4
ISBN 978-7-5219-2631-6

Ⅰ.①江… Ⅱ.①苏… Ⅲ.①花卉－观赏园艺 Ⅳ.① S68

中国国家版本馆 CIP 数据核字 (2024) 第 039946 号

责任编辑　张　健
版式设计　柏桐文化传播有限公司

出版发行	中国林业出版社（100009，北京市西城区刘海胡同7号，电话 010-83143621）
电子邮箱	cfphzbs@163.com
网　　址	www.forestry.gov.cn/lycb.html
印　　刷	北京雅昌艺术印刷有限公司
版　　次	2024年4月　第1版
印　　次	2024年4月　第1次印刷
开　　本	889 mm×1194 mm　1/16
印　　张	15.75
字　　数	700 千字
定　　价	248.00 元

编委会

主　　编：苏达明　陈海扬　何键锋　黄　力　唐文超
副 主 编：刘小冰　施仍亮　张锦萍　陈喜梅　李金明
编　　审：麦树雄
技术顾问：周厚高
编　　委：（按姓氏笔画排序）
　　　　　王　睿　王余舟　区权胜　区家源　方晓华　冯达宏
　　　　　吕　金　伍　青　刘美娇　刘穗康　关晓仪　汤培瑾
　　　　　许子胜　李丹婷　李仿莹　李利雄　李聘菊　李镇境
　　　　　杨嘉丽　吴锦波　岑兆平　何培磊　张瑜增　陈文静
　　　　　陈玉咏　陈龙奔　陈泽宗　林　韵　林华辉　欧阳淑欢
　　　　　郑悦胜　施群英　袁文君　聂玉怡　徐健翔　徐嘉玲
　　　　　凌嘉晖　唐嘉敏　黄子成　黄钰红　黄健华　梁卫愉
　　　　　梁翠婵　曾晓盈　谢颖仪　雷锦荣　廖茂财
摄　　影：周厚高　吴锦业　何培磊　张瑜增　吕　金　王颢颖
　　　　　吴文静　方中健

PREFACE 前言

簕杜鹃（又名三角梅、叶子花、宝巾花、九重葛等），色彩艳丽的苞叶似杜鹃般美丽，在广东，因其枝条有刺（粤语称刺为"簕"），故称为"簕杜鹃"，是热带亚热带地区重要的木本观赏植物。

18世纪60年代，当法国博物学家在巴西里约热内卢首次发现簕杜鹃时，人们根本无法想象这些原产南美洲的攀缘灌木，如今能培育出如此多样的栽培品种。簕杜鹃的丰富色彩和美丽景观，令人赞叹不已，在全世界热带和亚热带地区广泛栽种。近年来，在中国华南地区和西南地区应用规模、范围也日益扩大。

簕杜鹃由于生长快、花期长、色彩艳丽、抗逆性强、耐修剪、易管养，1982年7月被确定为江门市市花。簕杜鹃遍植于江门的市街乡郊，盛放时给人以热情、奔放的感觉，体现了"侨都"无限的活力和风采。她蕴含着坚韧不拔、顽强奋进的美好寓意，与"侨都"人民"自强不息、砥砺奋进"的人文精神交相辉映，深受人们喜爱。

簕杜鹃在江门一年四季均可开花，盛花期跨越春秋冬三季，其持久绽放的劲头难能可贵；簕杜鹃生命力旺盛，对土壤适应能力极强，无论在公园、水岸、路边，还是居民家的阳台，处处都可以见到她靓丽的身影，紫、红、橙、黄、粉争奇斗艳，把城市装扮得多彩。"美比牡丹艳若霓，天胜桃花灿似霞"是簕杜鹃的真实写照，她高矮错落，似树似花，或群花似锦，或一枝独秀，随风轻轻摇曳，像一团舞动的火焰，又像是孔雀开屏，显得格外耀眼，每年盛花期，簕杜鹃那一抹抹花红，让江门这座城市更显得灵动和热诚，成片成群绽放的簕杜鹃充满生机活力，不负"市花"之名。

东湖公园一直以来都十分重视市花簕杜鹃的推广种植工作，在东湖广场，东湖公园北门、广场门等主出入口处，以及花园和园区主园路、湖畔等，随处都可以看到它靓丽的身影。为落实江门市委、市政府关于加强市花推广的工作要求，在江门市城市管理和综合执法局指导下，近年来，东湖公园持续加大市花种植推广应用力度，先后引种了120多个各具观赏特色的簕杜鹃栽培品种，初步建立簕杜鹃种质资源圃，并多次在园区内举办了簕杜鹃新品种的科普展示会。

为了方便广大簕杜鹃爱好者查阅，本书挑选了江门市东湖公园管理所引种、栽培应用的100个优良簕杜鹃品种，介绍江门地区簕杜鹃的品种资源、生产应用以及簕杜鹃的品种来源、形态特征和观赏特色等，并附有江门地区簕杜鹃的品种特征和江门地区栽培应用场景的彩色图片。

本书的完成，得到了仲恺农业工程学院周厚高教授，广东省三角梅分会副会长、簕杜鹃园艺研究院（广州）有限公司高级工程师张瑜增及其他同仁的大力支持，在此一并感谢。由于掌握的资料有限，文中错误难免，承请专家学者和读者批评指正。

编者
2023年12月29日

目录 CONTENTS

前言

第一章　江门簕杜鹃生产与应用　1
第一节　江门簕杜鹃产业现状　4
第二节　江门簕杜鹃应用模式　5
一、栽培方式　6
二、立体绿化　8
三、艺术造型　11

第二章　江门簕杜鹃品种资源　15
第一节　簕杜鹃的种类　16
第二节　簕杜鹃的品种　22
一、簕杜鹃的育种史　22
二、簕杜鹃品种分类　25
第三节　江门簕杜鹃品种　28

第三章　簕杜鹃发育特性与分类特征　29
第一节　簕杜鹃的生物学特性　30
一、生长习性　30
二、花与花序　30
三、开花习性　33
四、抗逆习性　34
第二节　栽培方式与形态性状　35
一、栽培方式对多态性状的影响　36
二、栽培方式对数量性状的影响　36
三、两因素对数量性状的效应　36
四、主要性状的多重比较分析　37
第三节　园艺品种的分类特征　39
一、株型　39

二、枝条		40
三、叶片		42
四、花序		45

第四章　簕杜鹃栽培与养护　53

第一节　种苗繁殖技术　54
第二节　关键栽培技术　57
　一、园林栽培技术　57
　二、盆花栽培技术　58
　三、花期调控技术　59
第三节　园林养护管理　61
　一、浇水　61
　二、施肥　61
　三、修剪　61
　四、中耕管理　61
　五、安全防护　61
　六、苗木补植　62
　七、病虫防治　62

第五章　江门簕杜鹃主要品种　63

第一节　红色组　65
第二节　粉色组　100
第三节　橙色组　133
第四节　紫色组　154
第五节　黄色组　184
第六节　白色组　195
第七节　复色组　204

附录：东湖公园鉴定簕杜鹃工作　238
参考文献　241
中文名索引　242
学名索引　245

江门开平雕楼与簕杜鹃

江门青年旅社簕杜鹃

江门簕杜鹃花开红艳艳

第一章 | **江门簕杜鹃生产与应用**

江门东湖公园广场陈置的标准型植株簕杜鹃'马尼拉小姐'

第一章　江门簕杜鹃生产与应用

江门江海城市阳台

第一节　江门簕杜鹃产业现状

簕杜鹃系紫茉莉科 Nyctaginaceae 叶子花属 Bougainvillea，是一种具有独特魅力的植物，原产于南美洲，由法国一位探险家于 1766—1769 年进行远航考察时，在巴西首次发现。于是，人们利用这位航海家的名字，按拉丁文赋予它一个植物属名并以发现者的名字命名。簕杜鹃花色多、花期长、花感繁荣，深受人们的喜爱和广泛引种。19 世纪开始簕杜鹃传入欧洲，后经美国和日本传入东南亚各国。中国最早引入簕杜鹃在 1872 年，由英国人马偕引入中国台湾，由此扩展开去。此外，中国还陆续从日本、新加坡、澳大利亚、泰国、菲律宾等地引入一些簕杜鹃品种。在江门地区，簕杜鹃的种植也有着悠久的历史和广泛的分布。

1. 历史渊源

簕杜鹃在江门市的种植历史可以追溯到 20 世纪中叶。1982 年，在东湖公园倚湖楼，市民代表、各行业代表、园林专家等近百人进行投票，簕杜鹃脱颖而出，被选为江门市市花。簕杜鹃，生命力旺盛，苞片大而美丽，象征着热情、坚韧、顽强，这与"侨都"人民"自强不息，砥砺奋进"的人文精神不谋而合。同年 7 月，经市政府批准，簕杜鹃正式确定为江门市市花。多年来，江门市人民积累了丰富的簕杜鹃栽培经验，使其成为当地特色的花卉产业。

2. 生产现状

目前，江门市的簕杜鹃生产已经形成了一定的规模。3 个区和 4 个县级市均有一定数量的簕杜鹃种植基地，其中以新会区和蓬江区的种植面积较大。这些基地主要生产水红、紫花、玫红等常见品种的簕杜鹃，主要有红、粉、紫、黄等多种颜色，以满足不同消费者的需求。江门市的簕杜鹃生产技术日益成熟。为提升簕杜鹃种植技术水平，受江门市城市管理综合执法局委托，江门市东湖公园管理所组建簕杜鹃攻坚组，总结 40 年市花种植经验，融合各地先进技术，编制《簕杜鹃容器种植和养护技术规范》（编号 DB 4407/T 97—2022），为专业单位培育、市民群众种植欣赏市花提供了最优指引。种植户们通过不断引进新品种、新技术和科学的管理方式，提高了簕杜鹃的产量和品质。同时，为了提高种植效益，部分种植户还尝试进行簕杜鹃盆栽生产，将簕杜鹃培育成观赏价值高的盆栽花卉。

3. 绿美建设

近年来，江门市的簕杜鹃产业得到了进一步的发展。江门市进一步加大市花推广力度，以城市重要路段、节点为重点，种植簕杜鹃约 22 万棵。如今，东湖公园、东湖广场、三角塘公园、釜山公园、江门大道、东海路等重要路段、节点，处处都有市花怒放。此外，江门市利用天沙河、江门河、东华大桥、蓬江大桥等河道驳岸和城市桥梁种植簕杜鹃，长度达 30 km。江门市还逐年从各地引种市花簕杜鹃品种，并在白水带风景名胜区和东湖公园建设市花园，其中白水带市花园面积 4 万多 m^2、东湖公园市花园面积近 6000 m^2，共引种品种近 80 个，每到盛花期，都能吸引众多市民和外地游客前往参观。除了传统的种植销售模式，江门市还通过举办簕杜鹃花展、"我为城市添新绿"市花送市民等活动，向市民讲述市花所蕴含的坚韧、热情、顽强的特性，与"侨都"人民"自强不息、砥砺奋进"的人文精神交相辉映；普及市花簕杜鹃的来由、生长特性、品种分类、种植养护技术等科普知识，突出以市花簕杜鹃推广为重要抓手推进绿美江门生态建设，在市域范围全面推广簕杜鹃种植，使其成为绿美"侨都"的亮丽名片；积极推动簕杜鹃产业与旅游业的融合发展。此外，江门市还积极引导本地企业不断引种本地没有的簕杜鹃品种进行研究，筛选适合本地生长的簕杜鹃新品种，丰富江门本地簕杜鹃栽培品种，进一步拓展了簕杜鹃的市场价值。

4. 展望未来

随着人们的需求不断增长，花卉市场在技术、管理和销售等各个环节上都得到快速升级，技术含量大幅提高，这也为簕杜鹃的现代化种植和管理提供了有利条件。国内各地农业专家也在土壤调控、病虫害防治、繁殖技术等方面取得了一系列的突破，为簕杜鹃的规模化生产提供了技术上的支持，使江门市的簕杜鹃生产前景广阔。为了进一步提升簕杜鹃的产业效益和市场竞争力，江门市将继续加强技术研发与推广，加大政策扶持力度，引导簕杜鹃产业向标准化、专业化、品牌化方向发展。同时，通过加强与国内外市场的交流与合作，开拓更多的销售渠道和市场份额，推动簕杜鹃产业实现可持续发展。

总之，江门市的簕杜鹃生产在历史传承和现代技术的推动下，正逐渐发展成为具有区域影响力和竞争力的特色产业。未来，随着市场需求和科技的不断进步，簕杜鹃在江门市的发展将迎来更加美好的明天。

第二节 江门簕杜鹃应用模式

簕杜鹃是江门地区绿美建设中价值很高的木本观赏植物，能常年开花，美景不断（图1-1）。从时间维度看，簕杜鹃在自然栽培条件下，一年四季均能多次开花，在花期调控技术栽培模式下，可以营造365日美景，全年为城市增色添彩。从空间维度看，簕杜鹃具有开花整齐度高、色彩多样、抗逆性强的特性，在面上应用范围很广，使其在家庭、单位和市政绿化美化以及高速公路、道路分隔带中广受欢迎。在栽培应用类型方面，可以栽种为标准型植株、灌木丛、绿篱、树墙，覆盖陡堤、坡面和土墩，也可作盆栽、盆景、造型和吊篮，有时还用作插花。在立体的角度，簕杜鹃的生长习性和苞片颜色随不同栽培品种而异，是立体景观美化中用途最广、最令人满意的开花植物之一；在攀缘拱门、绿廊、人行天桥、立交桥和高层建筑的美化以及灯柱、树干装饰方面，簕杜鹃也表现出色。它还可用作裸露山体缺口和观赏效果不佳的构筑物体的掩饰和美化。在江门地区，无论用作哪一种用途，簕杜鹃都能产生让人满意的景观效果。

图1-1 江门江滨公园

一、栽培方式

在江门地区城乡绿美建设和生态重构中广泛应用簕杜鹃（图1-2~图1-3），其栽培模式、株型培育和配置模式主要包括下面几种。

1. 标准型植株

陈涛（2008）提出的簕杜鹃标准型植株，是一种常见的株型，指簕杜鹃被整枝为高达1.5~2.0 m的单一或2~3茎秆，限制顶端生长修剪成为伞状的植株。为了支撑植物，可用顶端有一直径1 m的圆环及直径2.5 cm、长3 m的镀锌管固定。标准型植物看上去整齐匀称，当开满花时，将变成一个华丽的彩球。

标准型植株的栽培形式分为直接定植于土地和大型容器栽培。按照一定的间隔距离沿道路两边栽种或在庭院成行成列种植，盛花时能给过路人风景如画的独特效果。盆栽标准型植株的种植基质和容器质地没有明确的要求，但需要排水通气性能良好、保水保肥性能优良、同时需要考虑稳固性，确保安全和景观效果。

在江门地区，大多数具有下垂生长习性的簕杜鹃栽培品种都适宜作标准型植株，比如'加州黄金'簕杜鹃 Bougainvillea × buttiana 'California Glod' '小叶紫'簕杜鹃 B. glabra 'Sao Paulo' '马尼拉小姐'簕杜鹃 B. × buttiana 'Miss Manila' '红心樱花'簕杜鹃 B. × spectoperuviana 'Makris' 等。

图1-2 江门东湖公园

图1-3 江门陈少白公园

2. 灌木丛

除塔类簕杜鹃品种外，簕杜鹃的大部分品种为蔓性灌木，在栽培中，保留其灌木的多枝无主干特性，通过修剪控制其生长，使植株保持低矮株型、树干变粗和强壮足以支撑生长的灌丛。并定期修剪，特别注意剪掉出现在树冠上的徒长枝，以保持灌丛的外形。灌丛式簕杜鹃景观效果具有自然而又繁花似锦的景观效果，丰富园林绿化的景观。

3. 绿篱、树篱和树墙

簕杜鹃具刺，分枝性好且耐修剪，是绿篱的优良品种，可以成为紧密、多刺、难以穿过和多花美丽的绿篱和树篱。培育树篱和绿篱过程中，需要定期修剪植株的枝顶，以控制高度并促进侧向伸展。每年都让顶端向上长一点，直至达到设计的绿篱高度。同时，将粗壮的枝条按树篱延伸方向固定，让新枝长出，以填满树篱，从而形成一个坚强的支架。绿篱和树篱在建造初期，种植的间距依品种而定，较小型栽培品种可以更紧密地种在一起，间隔1.0~1.5 m。

植物在墙上、围栏上或框架上平展生长形成的植物景观被称为树墙（图1-4）。簕杜鹃非常适合作为树墙植物，在阳光充足的墙面，簕杜鹃整枝成为沿着墙而长的树墙，开花时是很漂亮的。

在品种选择方面，簕杜鹃的栽培品种具有紧凑的生长习性、小的叶子和长的花期，且耐修剪，能使外观质地细腻、花繁叶茂景观极好的树墙、树篱和绿篱。用单一品种栽种树篱可以达到强烈的视觉效果，如可用'亮叶紫'簕杜鹃 B. × spectoglabra 'Sanderiana' '小叶紫'簕杜鹃和'安格斯'簕杜鹃 B. glabra 'Elizabeth Angus' 做紫色的树篱，用'白雪公主'簕杜鹃 B. glabra 'Alba' 做白色树以及用'伊娃夫人'簕杜鹃 B. glabra 'Mrs Eva' 做淡紫色至粉红色树篱和树墙。

图1-4 江门簕杜鹃树墙

4. 盆栽

在簕杜鹃育种过程中，许多簕杜鹃杂交品种都是优良的盆栽植物，它们遗传了许多母本种中悦人心意的特征，包括适中的生长速度、大而艳丽的苞片和多重分枝的聚伞状花序。这些特征加上周期性的大量开花，使得这些杂交品种成为极好的盆栽植物（陈涛，2008）。非盆栽品种，包括大型的栽培品种也能栽种在盆里，只要通过不断修剪来控制生长也能培育成为优秀的盆花。

在江门或珠江三角洲地区，盆栽簕杜鹃不仅能满足室内装饰和摆种的需要，可以用于美化具有足够光照的廊道、阳台、窗口、走廊、房间和屋顶平台，同时，盆栽簕杜鹃已经成为绿化工程用苗的重要类型。簕杜鹃苞叶一旦形成，其盆花就可以忍受光线和温度的适度变化，并能不断地四处搬动，可以在室内观赏，也可以临时绿化美化园林绿地和公共绿地。盆栽品种丰富，颜色艳丽，簕杜鹃品种基本都适合盆栽，盆栽有利于控水控花，实现周年供应盛开盆花产品。

5. 造景模式

上述簕杜鹃栽培模式和产品，在园林中的应用形式很多，除了上述标准型植株的列植，选用造型优美的簕杜鹃桩景孤植于公园草坪、广场，或者与桥、亭、假山等相呼应，花色鲜艳，盘根错节，一桩一景，形成独特的园林景观。孤植的簕杜鹃品种具有树形优美、花期长、全枝着花等特征。主要品种包括'新加坡粉'簕杜鹃 *B. glabra* 'Singapore Beauty'、'新加坡白'簕杜鹃 *B. glabra* 'Ms. Alice'、'印度橙粉'簕杜鹃 *B. peruviana* 'Partha'、'红心樱花'簕杜鹃 *B.* × *spectoperuviana* 'Makris'、'广红樱'簕杜鹃 *B.* × *spectoperuviana* 'Odisee'、'金心双色'簕杜鹃 *B.* × *spectoperuviana* 'Thimma'、'绿樱'簕杜鹃 *B. peruviana* 'Imperial Delight'、'洋红公主'簕杜鹃 *B.* × *spectoperuviana* 'Mrs. H. C. Buck'等。

片植形成地被是簕杜鹃应用的重要形式。簕杜鹃是很好的斜坡、陡堤地被植物。斜坡、陡堤必须有充足的阳光，将簕杜鹃种在陡堤的底部。培养1或2条茎干达到陡堤的顶端，然后让它们朝水平方向任意展开。去掉茎干上所有的枝条、叶子和刺。水平的枝条将长出垂下堤面的侧枝，形成一道美丽的景观。

簕杜鹃植于斜坡和堤坝上，植株的垂直生长由修剪来限制，最终使整个区域的表面被叶子和花所覆盖。地被簕杜鹃品种包括'巴西紫'簕杜鹃 *B. glabra* 'Mrs. Eva Mauve'、'安格斯'簕杜鹃、'金发女郎'簕杜鹃 *B.* × *buttiana* 'Blondie'、'胭脂红'簕杜鹃 *B. glabra* 'Zinia Barat'、'伊娃夫人'簕杜鹃、'伊娃白'簕杜鹃 *B. glabra* 'Mrs. Eva White'

'小叶紫'簕杜鹃、'斑叶白'簕杜鹃 B. glabra 'Mrs. Eva White Variegata'、'斑叶浅紫' B. glabra 'Mrs. Eva Mauve Variegata' 簕杜鹃等。

二、立体绿化

簕杜鹃是蔓性灌木，既具有直立灌木的景观功能，也有木质藤本植物的造景功能，应用模式十分丰富。立体绿化是簕杜鹃大放异彩的造景功能，具有丰富的应用模式。

1. 拱门和藤架

在拱门和藤架旁栽种一棵生长旺盛的簕杜鹃（图1-5），将一条粗壮枝条垂直固定，并剪掉其他所有侧枝。这条主枝将会迅速生长，在藤架上伸展。当枝条超过藤架1 m时，将它弯下并系在棚顶中央的框架上，除去顶芽。随后长出的侧枝将被引导形成覆盖架框顶部的分枝网络。时常整理一下枝条，以保持藤架的优雅和整洁，开花后进行修剪，确保只留有一根枝条在藤架顶上分出枝条。有时一些枝条需要剪去，以减少藤架顶部生长密度。如能让叶子最小限度地生长，穿透过苞片的光线色彩将会美妙无比（陈涛，2008）。

生长旺盛的栽培品种可整枝覆盖通道之上的拱门或藤架。拱门和藤架结构的承载能力很重要，铁结构能比木结构更好地承受植物的重量。作为藤架立体绿化的品种一般是软枝品种，品种包括'巴西紫'簕杜鹃、'安格斯'簕杜鹃、'伊娃夫人'簕杜鹃、'伊娃白'簕杜鹃、'小叶紫'簕杜鹃、'斑叶浅紫'簕杜鹃、'斑叶白'簕杜鹃等。

图1-5A　江门东湖公园簕杜鹃藤架

图1-5B　江门东湖公园簕杜鹃藤架

2. 攀树和攀柱

簕杜鹃的蔓性特性，使其具有沿着柱形支撑结构向上攀缘生长的能力，最终形成一条绿柱或花柱，这种柱形支撑结构可以是树干，也可以是水泥柱等（图1-6）。选择具有一条粗壮茎干的簕杜鹃植株，在靠近一棵树的向阳一侧种植。直到它长到树的一半高时，才让它长出分枝。这些分枝能迅速生长，穿过树冠，寻找阳光，一旦长到树冠顶上，将在阳光下长出展开并开花的侧枝。必须给簕杜鹃植株定期施肥和浇水，因为树会消耗许多可以利用的养料和水分（陈涛，2008）。适宜的簕杜鹃品种包括'圣地亚哥红'簕杜鹃 B. × buttiana 'San Diego Red'、'变色龙'簕杜鹃 B. × buttiana 'Mary Helen'、'宝老橙'簕杜鹃 B. × buttiana 'Orange Fiesta'、'马尼拉小姐'簕杜鹃、'红心樱花'簕杜鹃、'广红樱'簕杜鹃、'金心双色'簕杜鹃、'洋红公主'簕杜鹃。五雀品种长势较弱，可以作为短一些的柱形支撑结构绿化美化使用。

图1-6A 江门东湖公园簕杜鹃攀柱

图1-6B 江门东湖公园簕杜鹃攀柱

图1-6C 江门东湖公园簕杜鹃攀柱

3. 天桥和立交桥绿化

具有下垂习性的簕杜鹃栽培软枝品种是制作瀑布型下垂的理想材料。这些品种在高速公路陡坎、建筑物、人行天桥、高架桥、立交桥的种植槽中表现极佳，为城市景观增添色彩和魅力。天桥绿化是珠江三角洲地区立体绿化的亮点，以广州市的簕杜鹃天桥绿化水平最高，江门地区也在奋起直追，在规模和质量等方面不断提高（图1-7）。适宜的栽培品种有'巴西紫'簕杜鹃、'马尼拉小姐'簕杜鹃、'小叶紫'簕杜鹃、'玫红'簕杜鹃 B. × buttiana 'Barbara Karst' 等。

图1-7　江门北湖公园九曲桥

4. 吊篮

簕杜鹃吊篮是观赏植物的创新。吊栽簕杜鹃适合种植于阳台和走廊且不受空间限制。用镀锌铁丝做成的吊篮四周用苔藓覆盖，里面放一份肥土、两份腐殖质土和200 g骨粉的混合栽培基质。将生根的枝条移植于吊篮的四周，以产生均衡的球形效果（陈涛，2008）。适宜的栽培品种有五雀品种，如'婴儿玫瑰'簕杜鹃 B. spectabilis 'Baby Rose'、'粉雀'簕杜鹃 B. × spectoglabra 'Chili Purple'、'红雀'簕杜鹃 B. × spectoglabra 'Chili Red' 等。

三、艺术造型

簕杜鹃在园林中的使用范围和质量在不断地提升，艺术水平不断提高，最为明显的是近年在簕杜鹃造型和盆景方面的发展尤其引人注目。

1. 盆景

簕杜鹃是制作盆景的极好素材，可成功地栽作美丽的盆景（图1-8）。矮小、紧凑、持续开花的栽培品种是制作盆景的最佳选择。那些具下垂生长习性的品种适宜作瀑布型盆景，而生长硬挺的品种如'卡苏米'簕杜鹃 B. × spectoglabra 'Kasumi'、'塔紫'簕杜鹃 B. × spectoglabra 'Pixie' 等适合作整齐的灌木型盆景。

2. 造型

簕杜鹃还可修剪成各种几何图案和动物造型，为景观美化增添情趣（图1-9～图1-11）。近年在簕杜鹃造型方面有大量的、适合市场需求的创新，比如大型簕杜鹃花柱、大型拱门等。标准型植物看上去整齐匀称，当开满花时，将变成一个华丽的彩球。

标准型植株可以栽种在地里或大盆里。它们相隔4 m沿道路两边栽种盛花时，能给过路人风景如画的独特效果。盆栽标准型植株应该种在混凝土或陶土制作的花盆里，以防它们被强风吹倒。从美学的角度来看，大的陶盆更令人赏心悦目，也有助于根球的隔热。塑料花盆暴露在阳光下时，则会吸收大量的热量。

大多数具有下垂生长习性的簕杜鹃栽培品种都适宜做标准型植株，栽培品种作为整齐匀称的标准型植株是非常好看的。

图1-8　簕杜鹃盆景

图 1-9　簕杜鹃柱造型

图 1-10 簕杜鹃龙造型

图 1-11 簕杜鹃墙造型

第二章 | **江门簕杜鹃品种资源**

第一节 簕杜鹃的种类

簕杜鹃，是华南地区、特别是珠江三角洲地区对三角梅的统称（图 2-1～图 2-6）。"簕"在广东方言中是刺的意思。簕杜鹃的花如杜鹃一样美丽但具有刺。簕杜鹃为藤状灌木，茎粗壮，枝条下垂，无毛或疏生柔毛；叶片纸质，卵形、卵状披针形、椭圆形或披针形；花瓣退化、花萼合生呈管状，即花被管，花开放时，花被管顶端张开为星状，称为星花，每个花管下托一个色彩鲜艳的苞片，苞片为簕杜鹃主要观赏部位，三个苞片组合在一起成为簕杜鹃花序的第一级结构。

全世界约有叶子花属植物 18 种，分布于南美洲的巴西、秘鲁、厄瓜多尔、阿根廷、哥伦比亚。分类学家认为叶子花属有如下 18 个自然种（Roy et al., 2012）：*Bougainvillea arborea* Glaz、*B. berberidifolia* Heimerl、*B. campanulata* Heimerl、*B. glabra* Choisy（光簕杜鹃）、*B. herzogiana* Heimerl、*B. infesta* Griseb、*B. lehmanniana* Heimerl、*B. lehmannii* Heimerl、*B. malmeana* Heimerl、*B. modesta* Heimerl、*B. pachyphylla* Heimerl ex Standl、*B. peruviana* Heimerl ex Bonpl（秘鲁簕杜鹃）、*B. pomacea* Choisy、*B. praecox* Griseb、*B. spectabilis* Willd（毛簕杜鹃）、*B. spinosa*（Cav.）Heimerl、*B. stipitata* Griseb、*B. trollii* Heimerl。

世界上广泛应用的自然种簕杜鹃为毛簕杜鹃、光簕杜鹃和秘鲁簕杜鹃（Khoshoo，1998）。光簕杜鹃耐寒性最强，应用区域最广，在我国应用最广、最北的簕杜鹃品种也来自光簕杜鹃。毛簕杜鹃花形、叶形与光簕杜鹃均很接近，仅在苞片顶端有尖与钝的差异，但不稳定。毛簕杜鹃的典型代表为毛叶紫簕杜鹃 *B. spectabilis* 'Splendens'、'酒红'簕杜鹃 *B. spectabilis* 'Lateritia'。光簕杜鹃与毛簕杜鹃在形态上很接近，主要差异是后者多毛，且二者的开花季节不同。秘鲁簕杜鹃与上述 2 种簕杜鹃差异明显，主要差别是叶片及幼枝无毛，叶形差异大，花序分枝二次以上，花被管小而不膨大及主枝不分枝。在开花习性方面，毛簕杜鹃开花是对热气候的反应，而光簕杜鹃与秘鲁簕杜鹃为周期性多次开花。

簕杜鹃可以在自然界自然产生和人工培育种间杂种，其中在观赏领域重要的种间杂种有 3 个，分别是巴特簕杜鹃（*B. × buttiana*）、多色簕杜鹃（*B. × spectoperuviana*）和光毛簕杜鹃（*B. × spectoglabra*），其中巴特簕杜鹃是光簕杜鹃与秘鲁簕杜鹃的种间杂种、多色簕杜鹃是毛簕杜鹃与秘鲁簕杜鹃的种间杂种、光毛簕杜鹃是光簕杜鹃与毛簕杜鹃的种间杂种。

簕杜鹃的野生种类不多，但品种十分丰富。目前全世界范围内具较高园艺价值的观赏品种有 1000 多个（周群，2020），实际上其他品种和变异类型远超这个数值。重要的簕杜鹃观赏品种分属于以上 3 个自然种与 3 个种间杂种。3 个自然种，气候条件适宜的情况下可以结种子，是簕杜鹃现有主要园艺品种的亲本；3 个杂交种，自然条件下不结种子，且多表现为重苞或斑叶与苞片复色或混色。

下面重点介绍园林和观赏园艺产业中常用的这 3 个野生种和 3 个种间杂种。

1. 光簕杜鹃 *Bougainvillea glabra* Choisy

别名很多，光三角梅是常用的名称，其他别名包括宝巾、簕杜鹃、小叶九重葛、三角花、紫三角、紫亚兰、光叶子花等。

常绿藤状攀缘灌木。茎粗壮，枝下垂，无毛或疏生柔毛；刺腋生，长 0.5～1.5 cm，常弯曲。叶互生，有柄，柄长 1.0～2.5 cm；叶片纸质，椭圆形，长 5.0～13.0 cm，宽 3.0～6.0 m，顶端急尖或渐尖，基部圆形或急尖，叶面无毛，叶背被微柔毛。花顶生枝端的 3 个苞片内，花梗与苞片中脉贴生，每个苞片上生一朵花；苞片叶状，紫色或洋红色，长圆形或椭圆形，长 2.5～3.5 cm，宽约 2.0 cm，纸质；花被管长约 2.0 cm，淡绿色，疏生柔毛，有棱，顶端 5 浅裂呈星状（星花）；雄蕊 6～8 枚；花柱侧生，线形，边缘扩展呈薄片状，柱头尖；花盘基部合生呈环状，上部撕裂状。瘦果有 5 棱；种子有胚乳。花期冬春间（广州、海南、昆明），北方温室栽培 3～7 月开花。

光簕杜鹃野生群体的变异非常丰富，为新品种培育提供了可能，其苞片的形状、大小、颜色，花被管的形态以及叶片形状、大小变异很大，分类学家曾在种下又建立了3个变种、2个变型（Heimerl，1900）。

图 2-1　簕杜鹃造型容器植株

2. 毛簕杜鹃 *Bougainvillea spectabilis* Willd.

毛三角梅是常用中文名称，别名包括三角花、室中花、九重葛、贺春红、叶子花、毛叶子花等。

常绿藤状灌木。幼茎密生茸毛，刺腋生、下弯。单叶互生，密生柔毛，有叶柄；叶片椭圆形或卵形，长5.0~10.0 cm，宽3.3~6.8 cm，全缘，基部圆形，顶端急尖至渐尖，花序腋生或顶生；苞片椭圆状卵形，基部圆形至心形，长2.5~4.5 cm，宽1.5~3.0 cm，暗红色或淡紫红色；花被管狭筒形，长1.6~2.4 cm，绿色，密被柔毛，顶端5~6裂，裂片开展，黄色，长3.5~5.0 mm；雄蕊通常8枚；子房具柄。果实长1.0~1.5 cm，密生毛。花期冬春间，花期可从11月起至翌年6月。冬春之际，姹紫嫣红的苞片，给人以奔放、热烈的感受，因此又得名"贺春红"。苞片大而美丽，被误认为是花瓣，因其形状似叶，故称其为"叶子花"。

毛簕杜鹃原产南美洲的巴西，大约在19世纪30年代传至欧洲栽培。毛簕杜鹃喜温暖湿润、阳光充足的环境，不耐寒，中国除南方地区可露地栽培越冬，其他地区都需盆栽和温室栽培。土壤以排水良好的砂质壤土最为适宜。

毛簕杜鹃观赏价值很高，在中国南方用作墙体攀缘花卉栽培。北方盆栽，置于门廊、庭院和厅堂入口处，十分醒目。在毛簕杜鹃的故乡巴西，妇女常将其插在头上作装饰，别具一格。欧美用毛簕杜鹃花作切花。在中国，毛簕杜鹃还是一味中药，有散瘀消肿的功效。

图 2-2 东湖公园广场门簕杜鹃

图 2-3　江门新会紫兴里 16 巷 4 号

3. 秘鲁簕杜鹃 *Bougainvillea peruviana* Hamboldi et Bonpiand

该种最早由 Hamboldi 和 Bonpiand 于 1808 年发表（Roy，2015）。

大型常绿攀缘灌木，长 3~7m，树皮绿色。枝条松散，展开，绿色，有稀疏短毛或光滑无毛；刺细小而多，长 1.0~2.5 cm，先直后弯，基部不扁平。叶片卵形，较长，长 5~7 cm，宽 3.7~4.6 cm，基部近截形或圆形，顶端钝或急尖，光滑无毛（幼叶偶有稀疏短毛），质地薄；叶柄细长无毛。苞片圆形，亮玫红色，长 2.9~3.2 cm，宽 2.1~2.3 cm，基部心形，顶端钝或圆形，光滑无毛，在中肋偶有毛；花被管长 1.6~2.0 cm，细长，下部不膨大，星花白色或近白色；雄蕊 6 枚，内藏；花序顶生或沿枝条分布至全枝。冬夏开花，条件适宜可全年持续盛花。

原产南美的秘鲁和哥伦比亚等地区。本种叶片、苞片形态稳定，变化较小。

4. 巴特簕杜鹃 *Bougainvillea×buttiana* Holttum et Standl.

巴特簕杜鹃是光簕杜鹃与秘鲁簕杜鹃的杂交种。

大型攀缘灌木，枝条松散，展开，小枝被毛；刺纤细，基部扁。主干上的叶非常大，阔卵形，长 6.0~10.0 cm，宽 3.5~8.0 cm，基部心形，顶端圆骤呈一狭三角形尖头，叶面深绿色，叶脉较淡，两面被微柔毛。苞叶阔卵形，基部心形，顶端圆形，长 3.0~3.5 cm，宽 2.0~2.5 cm；花被管长 1.8~2.0 cm，明显有棱，外被短毛，下半部稍膨大；花序密集，沿枝条末端开花。全年持续盛花。

巴特簕杜鹃栽培品种繁多，我国有引种的品种多达数十个，如'圣地亚哥红'簕杜鹃、'马尼拉小姐'簕杜鹃、'吉隆坡丽人'簕杜鹃 *B.* × *buttiana* 'Kuala Lumper Beauty''马哈拉'簕杜鹃 *B.* × *buttiana* 'Mahara''罗斯维尔喜悦'簕杜鹃 *B.* ×*buttiana* 'Roseville's Delight' 等。部分品种雄蕊及花被管退化呈苞片状，常称为'重苞'簕杜鹃（'百万金'

系列），其花期比单苞品种长，观赏价值更高，生长和越冬的温度高于光䔧杜鹃。

1910年巴特夫人从哥伦比亚卡塔赫纳的一花园里采集到这种植物的代表品种'枣红'䔧杜鹃，即'巴特夫人'䔧杜鹃 B.× buttiana 'Mrs. Butt'，并带到特立尼达岛进行繁育。著名品种'巴特夫人'䔧杜鹃发布于1916—1917年。1947年Holttum与Standley将其作为一个独立的种 B. buttiana Holttum et Standl. 发表，之后发现该种为一个自然杂交种，1955年Holttum又将其改名为 B.×buttiana Holttum et Standl（Zadoo et al., 1974）。'巴特夫人'䔧杜鹃芽变能力非常强，培育出了一系列著名的品种，使得巴特䔧杜鹃迅速成为䔧杜鹃家族的重要成员。

巴特䔧杜鹃品种群在叶形、开花枝条不分枝、花序多次分枝等性状上继承了秘鲁䔧杜鹃的特性，而叶急尖、幼叶幼枝被毛、花被管肿胀有棱角等特性则来自亲本光䔧杜鹃。而该品种群中出现的花被管不发育的重苞品种大部分来自芽变。

图 2-4　江门大道龙舟山立交桥

5. 多色䔧杜鹃 Bougainvillea × spectoperuviana Hort.

多色䔧杜鹃是毛䔧杜鹃与秘鲁䔧杜鹃的杂交种。

常绿大型攀缘灌木。枝条松散，展开，小枝无毛；刺细长而直，长1.0~2.0 cm，基部不侧扁。叶片大，暗绿色，阔卵形，长5.0~12.0 cm，宽4.0~6.6 cm，基部近截形，稍下延，顶端急尖，两面常无毛，偶被微柔毛或近无毛。苞叶阔卵形至圆形，长2.5~3.5 cm，宽2.1~2.3 cm，基部心形，顶端急尖至圆形，光滑无毛或稍有毛；花被管长1.7~2.5 cm，有棱，下半部稍膨大；花序顶生，常多于二回分枝。适宜条件下花期多次。

代表品种：'金心双色'䔧杜鹃，芽变自'绿叶双色'䔧杜鹃；'金心橙白'䔧杜鹃 B.× spectoperuviana 'Thimma Special'，来源于'金心双色'䔧杜鹃；'绿叶双色'䔧杜鹃，来源于'洋红公主'䔧杜鹃；'红心樱花'䔧杜鹃芽变自'绿叶双色'䔧杜鹃；'杂斑叶红心樱花'䔧杜鹃 B.× spectoperuviana 'Magic Makris'，芽变自'红心樱花'䔧杜鹃。

多色䔧杜鹃品种群集合了2个基本种的主要特性，其中花枝分枝的特性来自毛䔧杜鹃，花序多次分枝的特性来自秘鲁䔧杜鹃。

图 2-5　江门鹤山大道坚美园路口簕杜鹃景观

6. 光毛簕杜鹃 *Bougainvillea* × *spectoglabra* Hort.

光毛簕杜鹃是毛簕杜鹃与光簕杜鹃的杂交种。

常绿藤状灌木。枝条疏生柔毛。刺腋生，多而短，侧扁而弯，长 1.0~2.0 cm。叶互生，一般比较小，暗绿色，阔卵形至近圆形或阔椭圆形、披针形，长 1.5~5.5 cm，宽 1.0~4.0 cm，顶端尾尖或渐尖，基部近圆形或宽楔形，偶有下延，叶面被微柔毛。花序腋生，分布枝顶或枝条中部，常一次分枝；苞片色彩丰富，具白、黄、橙、紫、红等色，以紫色和浅紫色为主，苞片卵形、狭椭圆形或披针形，长度变化大，长 1.5~3.5 cm，宽 1.0~2.5 cm；花被管长 1.0~2.0 cm，颜色随苞片颜色变化，疏生柔毛，下部稍膨大，有棱，顶端 5 浅裂呈星状。适宜条件下花期多次。

光毛簕杜鹃被毛的程度和花被管的形态介于 2 个亲本之间，花期多次的特性则来自光簕杜鹃。代表品种有'亮叶紫'簕杜鹃 *B.* × *spectoglabra* 'Sanderiana' 等。光毛簕杜鹃有 1 个著名品种群，植株形态、枝叶性状、苞片形态等方面很特别，即塔类簕杜鹃。其植株灌木性，生长速度较慢，无刺或刺极短小；叶小、卵形而密集，单苞型，苞片很小，花比较密集，结构紧凑。典型'塔紫'簕杜鹃是光簕杜鹃的淡紫色 *B. glabra* 'Mauve' 品种与毛簕杜鹃的 *B. spectabilis* 'Lady Mountbatten' 品种杂交的后代（Salam et al.，2017）。

总之，3 个基本种在叶片、叶基、叶尖形态，幼枝、叶片、苞片被毛，主枝、花序分枝，花被管形态等方面存在差异，其中，毛簕杜鹃与光簕杜鹃形态上很接近，秘鲁簕杜鹃与二者差异明显。不能归入上述 3 个基本种的品种，大部分都可归入 3 个基本种的种间杂种。

图 2-6　文明路簕杜鹃景观

第二节 簕杜鹃的品种

叶子花属植物于1768年在巴西里约热内卢被首次发现，属名于1789年出现在A.L.de Jusseru的《Genera Plantarum》一书中，几经变动最终于1841年确定。本属植物被发现后，于19世纪初被引种到欧洲（Roy，2015），之后经由欧洲和原产地引种到世界其他地区。簕杜鹃的品种是在引种到欧洲再扩散到世界其他地区的过程中产生和发展的。

一、簕杜鹃的育种史

1. 品种培育历程

簕杜鹃在热带、亚热带地区的普及程度和受人喜爱的程度与日俱增，而实际上人类发现该类植物的历史已有250年，在园林中大量应用只有100年，品种大量涌现只有最近几十年的时间。在南美原产地之外区域发现的簕杜鹃品种是来自于巴西已有的品种还是野生原种（Holttum，1938），在园艺界没有明确的结论。

1910年在簕杜鹃育种史上是一个标志性的年份，这一年巴特夫人将一种特别的簕杜鹃枝条从哥伦比亚的卡塔赫纳（Cratagena）带到了特立尼达岛（Trinidad），该种簕杜鹃后来被命名为巴特簕杜鹃 B. × buttiana Holttum et Standl.，品种被命名为'巴特夫人'簕杜鹃 B. × buttiana 'Mrs. Butt'。该品种在簕杜鹃育种中贡献很大，首先，'巴特夫人'簕杜鹃芽变能力非常强，培育出了一系列著名的品种；其次，'巴特夫人'簕杜鹃丰富了簕杜鹃品种的颜色和苞型，改变了仅以3个大苞簕杜鹃原种紫色、单苞为主构成的色彩单调和苞型单一的格局，使得巴特簕杜鹃迅速成为簕杜鹃家族的重要成员。'巴特夫人'簕杜鹃于1915年引种到英国邱园，1923年从邱园引种到印度、非洲、大洋洲以及亚洲的马来西亚及新加坡（Holttum，1955），目前我国也大量种植和应用该类品种。

簕杜鹃育种史上第一个里程碑式的突破是1949年 S. Percy Lancaster 从'洋红公主'簕杜鹃中分离出了第一个双色苞片品种，即'绿叶双色'簕杜鹃（Holttum，1957），该品种的同一个植株上，同时具有白色和玫红色（magenta）的花朵。这个品种的芽变能力很强。从'绿叶双色'品种芽变产生了具有花叶现象的著名品种'金心双色'簕杜鹃（Pal et al.，1974），'金心双色'簕杜鹃在华南地区应用较多（图2-7），用作盆花、庭院及天桥绿化，深受市民欢迎。

图 2-7 '金心双色'簕杜鹃

簕杜鹃以花闻名，观赏价值极高的花叶品种大量育成是簕杜鹃育种史上第二个里程碑式的育种突破（图 2-8），包括一批高观赏价值的花叶簕杜鹃品种，如 *B.* × spectoperuviana 'Archana'、*B.* × spectoperuviana 'Arjuna'、*B.* × spectoperuviana 'Louis Wathan Variegata'、'金叶重红'簕杜鹃 *B.* × buttiana 'Marietta'、*B.* × spectoperuviana 'Parthasathy'、*B.* × spectoperuviana 'Scarlet Queen Variegata'、*B.* × spectoperuviana 'Surekha'。这些品种在开花后仍然具有很高的观赏价值，是盆栽和庭院观赏的佳品（Salam et al., 2017）。

在簕杜鹃育种史上，第三个里程碑式的育种突破是菲律宾从巴特簕杜鹃的芽变中育成了重苞簕杜鹃品种（图 2-9）。与普通簕杜鹃不同的是，它们的每个聚伞小花序具有 18~21 枚大小不等的苞片而不是常见的 3 枚苞片。该品种群的主要品种如'怡锦'簕杜鹃 *B.* × *buttiana* 'Cherry Blossom'、'西施重粉'簕杜鹃 *B.* × *buttiana* 'Los Banos Beauty'、'马哈拉'簕杜鹃和'罗斯维尔喜悦'簕杜鹃 *B.* × *buttiana* 'Roseville' Delight'（Salam et al., 2017）均为盆栽和庭院观赏的佳品，在江门等珠三角地区广泛应用，深受市民喜爱。

通过染色体加倍恢复簕杜鹃的育性是育种的又一突破，一直以来簕杜鹃杂交育种都存在花粉不育或种子败育等簕杜鹃杂交育种的障碍，同时在簕杜鹃中能够获得种子的品种少而且品质不佳，故杂交育种途径的育种成就在簕杜鹃育种中并不突出。染色体加倍能够恢复簕杜鹃的育性将为簕杜鹃育种带来新的育种途径，该途径将使以前不能杂交的优秀簕杜鹃品种被纳入杂交育种程序中，增加基因重组的多样性（Salam et al., 2017）。

图 2-8 '三角洲黎明'簕杜鹃

图 2-9 '洛斯巴诺斯美女'簕杜鹃

2. 品种培育方法

研究簕杜鹃品种的发源可以发现,簕杜鹃产生的第一类变异主要来源于自然的种间杂交和芽变,然后通过选择育种方法育成新品种。育种家试图通过人工干预主导簕杜鹃变异的发生,这种干预的手段和方法是通过杂交、回交、诱变和倍性改变产生人为变异,增加变异的幅度、增强变异的方向性,然后通过杂交育种、诱变育种和倍性育种的育种方法育成新品种。

杂交育种包括种间杂交、品种间杂交以及回交等育种手段。种间杂交形成了巴特簕杜鹃、多色簕杜鹃、光毛簕杜鹃三大杂交种。在近年的簕杜鹃育种实践中,将巴特簕杜鹃杂交种作为母本与秘鲁簕杜鹃、光簕杜鹃进行杂交,开展种间水平的回交(Salam et al.,2017),育成了许多优异的品种,如'奇特拉'簕杜鹃 B. × buttiana 'Chitra'(又名'画报'簕杜鹃)。种间杂交如 B. glabra×B. spectabilis,育成了'塔紫'簕杜鹃等。

种内品种间杂交也是育成新品种的途径之一。但是由于簕杜鹃杂交不育性现象比较普遍,而杂交能育品种的综合性状不够优秀,育成的新品种不仅数量少而且优秀品种并不多。

人工产生突变的诱变育种:诱变育种是簕杜鹃选育新品种最重要的方法,更是重苞品种唯一的育种方法。在簕杜鹃育种中,通过同位素射线进行的辐射育种取得了重要成果,育成了众多的优秀品种。3个基本簕杜鹃种的苞色是有限的,荷色和叶色丰富的簕杜鹃品种都是近百年来通过突变及芽变选育出来的(Salam et al.,2017),如白色、黄色、洋红色、橙色以及这些色彩间的过渡色。

簕杜鹃品种产生的重要途径是自然界的芽变(Bud sports)。许多著名的簕杜鹃品种都是通过芽变选育而成的,如'桃红'簕杜鹃 B. × spectoperuviana 'Alick Lancaster'、'怡锦'簕杜鹃(图 2-10)、'玛丽巴林夫人'簕杜鹃 B. buttiana 'Lady Mary Baring'、'路易威登'簕杜鹃 B. × buttianan 'Louis Wathen'、'绿叶双色'簕杜鹃、'罗斯维尔喜悦'簕杜鹃和'舒布拉'簕杜鹃 B. × spectoperuviana 'Shubhra'等。芽变对簕杜鹃育种有三大贡献,即苞色的改变、花被管的退化、花叶的产生(Holtum,1955;1957)。

簕杜鹃多倍性育种:大多数簕杜鹃品种种子是不育的,这限制了杂交育种方法的应用,在簕杜鹃育种的重要突破是通过秋水仙诱导染色体加倍来恢复簕杜鹃育性,这为簕杜鹃新品种选育提供新的有效途径。优秀品种 B. × spectoperuviana 'Wajid Ali Shah'、B. × spectoperuviana 'Mary Palmer Special'、'帕尔博士'簕杜鹃 B. peruviana

图 2-10　'怡锦'簕杜鹃

'Dr. B. P. Pal'　'麦克林夫人'簕杜鹃 B. × buttiana 'Tetra Mrs. McClean'　'奇特拉'簕杜鹃和'倾城'簕杜鹃 B. × spectoperuviana 'Begum Sikander'就是倍性育种的成果。

二、簕杜鹃品种分类

现代簕杜鹃品种主要来源于3个簕杜鹃基本种（秘鲁簕杜鹃、光簕杜鹃和毛簕杜鹃）的品种以及基本种相互杂交形成的3个种间杂种簕杜鹃（巴特簕杜鹃、多色簕杜鹃和光毛簕杜鹃）的芽变、杂交、回交。原本种之间的差异不是特别大，特别是光簕杜鹃和毛簕杜鹃之间差异较小，通过相互杂交逐渐模糊了基本种之间原本就不是很明显的界限，因此，品种的分类和鉴定十分困难。近年，我国大量利用簕杜鹃（图2-11~图2-13），引进大量簕杜鹃品种，在生产及应用中，出于商业目的或由于地区间的差异，产生了大量簕杜鹃品种名称，同物异名、异物同名，相互重叠的现象严重，更增加了品种分类难度。

1. 人为分类

人为分类是分类的一种方法，指根据一个或多个性状对品种进行归类的方法，目的在于方便交流和生产应用。在我国簕杜鹃生产应用过程中，不少专家对品种的人为分类做了有益的探索和资料积累（周群，2009）。

根据叶片花叶现象进行品种分类，分为绿叶品种和花叶品种，比如'绿叶樱花'簕杜鹃 B. peruviana 'Imperial Delight'和'斑叶樱花'簕杜鹃 B. × buttiana 'Double Delight'。根据花叶现象的类型，又可将簕杜鹃品种分为暗斑类和明斑类，明斑品种又可分为先明斑和后明斑等。

根据苞片的类型将簕杜鹃品种分为单苞和重苞2类，前者只有明确数量的苞片，没有真花；后者没有真花，苞片数量很多，重瓣化。

根据簕杜鹃品种苞片的颜色类型分类，分为单色、双色和多色。单色品种指苞片的特定发育阶段只有一种颜色，很多簕杜鹃品种苞片的成熟度不一样，也就是说苞片的发育阶段不同，苞片颜色不同，但同一个发育阶段或同一个成熟度的苞片只有一种颜色的品种都属于单色苞品种。双色品种，指苞片上有2种颜色的品种。多色品种指苞片上具有多种颜色或指同一花枝上同一成熟度的苞片分别具有不同颜色或颜色组合的品种。

人为分类方法分出的簕杜鹃品种群还有塔类、蝶类等，都是根据特定性状对品种进行的分类。

生产应用中采用人为分类方法旨在方便交流与应用，但从亲缘关系和演化起源的角度看，这种分类是不科学的，比如花叶品种来自不同的种类，因此花叶品种自成一类是不科学（Datta et al., 2017）。

2. 自然分类

自然分类指依据亲缘关系和演化途径进行的分类，可以说是科学的分类。刘悦明等（2020）在结合品种起源的亲缘关系、形态特征和生物学习性的基础上，对簕杜鹃品种进行分类。

(1) 光簕杜鹃系品种群。由光簕杜鹃、毛簕杜鹃及其二者的杂交种光毛簕杜鹃形成的品种组成。该品种群具有几个明显的特征。首先花序常为一回分枝，偶有二回分枝；其次，叶片一般为圆形、披针形，少数为卵形或圆形；再次，叶片常为卵形顶端急尖，另外，真花管下部有不同程度的膨大，中部收缩明显。该系品种群具有下述3类：光簕杜鹃品种、毛簕杜鹃品种、光毛簕杜鹃品种。

(2) 秘鲁簕杜鹃系品种群。由秘鲁簕杜鹃、秘鲁簕杜鹃与光簕杜鹃的杂交种巴特簕杜鹃、秘鲁簕杜鹃与毛簕杜鹃的杂交种多色簕杜鹃产生的品种组成。该品种群具有几个明显的特征。首先，花序常具有二回以上分枝；其次，叶片一般为阔卵形、少数为形或圆形；再次，苞片常为阔卵形，顶端圆钝；另外，秘鲁系品种真花管细长，下部膨大不明显或不膨大，比上部直径稍大，差异不明显，中部不收缩或稍收窄。该品种群具有下述3类：秘鲁簕杜鹃品种、巴特簕杜鹃品种、多色簕杜鹃品种。

图 2-11 江门天沙河簕杜鹃

第二章 江门簕杜鹃品种资源

图 2-12　江门雕楼与簕杜鹃

图 2-13　江门东湖公园

第三节　江门簕杜鹃品种

江门市，别称五邑、四邑，广东省辖地级市，粤港澳大湾区重要节点城市，位于珠江三角洲西岸城市中心，北纬21°27′~22°51′，东经111°59′~113°15′，东邻中山、珠海，西连阳江，北接佛山、云浮，南濒南海领域；北低西高，以低山丘陵为主；全市陆地面积9535 km^2，海域面积4880.47 km^2。

江门市属亚热带季风气候。冬季盛行东北季风，夏季是西南季风，春秋为转换季节。冬短夏长，气候宜人，雨量丰沛，光照充足。无霜期在360天以上，全年无雪。区域气候分为山地温凉区、丘陵温暖区、沿海温热带三级。江门市有海洋季风的调节，气候温和多雨，冬夏分明。太阳辐射较强，有丰富的热力资源。每年大于10℃的积温在8000℃以上，大于15℃的积温亦超6000℃。每年3月上旬可以稳定达到日平均气温12℃。气温年际变化不大，各地的年平均气温在22℃左右，上川岛略高。气温具有明显的季节性变化，最冷月（1月）与最热月（7月）相差14~15℃。每年3月底至4月初，有南方暖湿气流加强并向北推进，气温明显回升，7月达到最高值。11月开始，北方寒冷干燥的冷空气不断南侵，当地受冷高压脊控制，气温显著下降。江门的地理位置和气候条件十分适宜簕杜鹃的生长发育和园林应用、家庭栽培。簕杜鹃为江门的市花，深受市民的喜爱，群众基础牢固，在江门市的绿美建设和生态建设中占有重要地位。

簕杜鹃作为江门市的市花，受到各级政府、园林工作者和市民的重视，在品种引进和筛选方面做了大量的工作。通过江门东湖公园等单位和绿化公司及观赏园艺公司的努力，现有簕杜鹃品种120多个，大部分品种在园林绿化、生态建设和家庭装饰中得到了应用。

江门簕杜鹃品种根据花色分为红色、黄色、橙色、白色、粉色和复色品种（图2-14），其中，红色品种21个、黄色6个、橙色12个、白色5个、粉色19个和复色品种9个。另外，塔类品种4个、重苞品种6个、蝶类品种5个、花叶品种38个。

图2-14　簕杜鹃品种展示

第三章 簕杜鹃发育特性与分类特征

簕杜鹃源于南美洲热带地区,具有独特的生物学特性。品种识别主要基于形态特征和农艺性状,这些性状反映了遗传的差异和背景,但是很容易受到环境的影响。簕杜鹃的苞片颜色、叶片和苞片的大小、花叶的颜色和模式、花被管和星花形态以及毛被的有无及疏密等性状的变化范围大(Mac,1981),随光照、季节和自身发育阶段变化而变化,大大增加了品种识别的难度。因此,需要进一步研究有效而简便的识别品种的方法。

蓬江天沙河岸

第一节　簕杜鹃的生物学特性

簕杜鹃的绝大部分品种为常绿植物，少数品种为落叶植物。同时，在不同的生态区，同一品种的落叶习性也不尽相同，在江门地区，簕杜鹃品种一般不落叶或半落叶。大部分品种为藤状灌木，枝条或下硬挺立上软下垂或柔软攀缘，故根据枝条的习性将簕杜鹃分为硬枝系品种与软枝系品种；少部分品种为直立灌木，如塔类品种。在野生种类中，仅有树簕杜鹃 Bougainvillea arborescens 为乔木，该乔木种在中国尚未见栽培。

簕杜鹃性喜温暖湿润且光照充足的环境。耐热，不耐寒，3℃以上（部分品种 7℃ 以上）可安全越冬，保存绿叶越冬的适宜温度为 10~12℃，生长适宜温度 20~30℃ 以上，开花则需 15~30℃ 以上。大部分品种在华南地区能够露地越冬，种植在园林绿地、庭院，不需要特别的保护措施，部分品种在西南地区的某些区域也能够露地越冬，在北方寒冷地区需要在温室里越冬。江门地区的气候比较适合簕杜鹃的生长，冬季温度较高，没有越冬障碍。

簕杜鹃不择土壤，耐贫瘠、耐碱、耐干旱，忌积水，适宜 pH 值为 6.0~6.5，北方地区、盐碱地区及滨海区域的土壤需要改良，调整酸碱度。栽培土壤以疏松、肥沃、通透性强、排水良好、矿物质丰富的黏壤土为好。

一、生长习性

观赏用的簕杜鹃植物大多数为藤状灌木，少数品种为直立灌木。生长势强、在温暖湿润条件下全年均可生长。1~2 年生幼枝保持绿色，其内薄皮组织含有大量叶绿体，提高了植株光合作用能力，这也许是簕杜鹃快速生长的一个原因。簕杜鹃的茎具有异常次生生长的能力，薄壁组织多次脱分化形成次生分生组织，产生小型维管组织散布其中，同时茎内具有大多数植物没有的厚角组织及丰富的纤维组织，能够支撑快速抽生的枝条和保证枝条的柔软性、可塑性，为簕杜鹃植株造型提供了无限可能性。

大部分品种植株萌芽能力很强，耐修剪，修剪后侧枝萌发能力强，但个别品种如'圣地亚哥红'簕杜鹃等品种修剪后侧芽萌发少，有时上端侧芽生长较快会抑制下面侧芽的进一步生长，导致修剪后侧枝数量没有增加。通过修剪可以形成乔木状和灌木状株型，增加了簕杜鹃在园林绿化和植物景观营造的应用场景。簕杜鹃植株生长快速、徒长枝很多，任其发展可以形成各种不同的外观形态，尽管有野趣十足的优势，但有的也可能导致景观杂乱无章，因此加强管理很有必要。通过修剪可以形成各种优美的造型，如攀缘成为墙体，成为高大的柱状、球状等各种几何形态，也可以修剪成为各类规格大小的盆栽和盆景（图 3-1）。总之，簕杜鹃植株具有易于调整和控制的特点，适于园艺、园林产业开发应用。

二、花与花序

簕杜鹃花的结构：簕杜鹃花的花瓣因退化几不可见，花萼合生成管（即花被管），是真正的花，但不显眼。簕杜鹃观赏的主要部分是苞片。簕杜鹃所谓的"花色、花型"其实是苞片的颜色和苞片的排列形式。

簕杜鹃花序的结构：一花一苞形成一个基本单元（图 3-2），此处的一花其实是花被管（图 3-3）。3 个基本单元组成一级聚伞花序（称为苞丛 Bract Cluster，图 3-4），由三个一级聚伞花序（苞丛）组成二级聚伞花序（图 3-5），由多轮一级花序组成规模不同层级的聚伞圆锥花序（图 3-6）。花序的级数由遗传特性（即品种特性）、生长状态、枝条粗细状况及栽培技术决定。花序着生枝顶或叶腋。

图 3-1　直立株型的簕杜鹃

图 3-2　一朵花（花被管）及一枚苞片组成的簕杜鹃花序结构的一个基本单元

图 3-3　解剖花管示雄蕊

图 3-5　3 个一级结构（苞丛）组成二级聚伞花序

图 3-4　3 个基本单元（左）组成苞片丛即一级聚伞花序（右）

苞片叶状，卵形或椭圆形，少数披针形，颜色丰富。与众不同的是，簕杜鹃苞片颜色来自甜菜色素，而一般的花果色彩来自类黄酮类的花青素（周群，2009）。甜菜色素与花青素的结构完全不同，而且两者在同一植物中存在互斥，但甜菜色素与花青素的作用类似，可使植物的茎、叶、花、果实呈现出艳丽的色彩。甜菜色素与植物抗逆性的相关性强，是一种非酶促的抗氧化剂，能够清除逆境下产生的过量活性氧，以维持细胞的正常代谢活动，增强簕杜鹃植株的抗逆性。

簕杜鹃花型（又称苞型）多样。簕杜鹃苞型由苞片形态、大小和瓣型等因素构成，将簕杜鹃苞型分为小单苞型、单苞型、蝶型、重苞型和不规则型（刘悦明 等，2020）。

图 3-6　簕杜鹃的花序梗多回分枝形成的聚伞圆锥花序

小单苞型苞片极小，卵形且单瓣，塔类具有的苞型为其典型代表（图3-7A）。
单苞型苞片较大，卵形或阔卵形且单瓣，大部分的簕杜鹃品种具有此类苞型（图3-7B）。
不规则型苞片不规则，如灯笼类品种（图3-7C）。
蝶型苞片狭长，披针形或狭长圆形且单瓣，蝶类具有的苞型为其典型代表（图3-7D）。
重苞型苞片较小，卵形，重瓣（图3-7E），与其他苞型不同的是该型没有花被管。

三、开花习性

簕杜鹃的开花习性及花期调控措施与其遗传结构和原产地生态地理条件密切相关。

光簕杜鹃原产南美洲巴西东北部巴伊亚州的卡廷加地区。该地区是一种环境干燥的灌丛地和多刺森林，一年只分两个季节，即一个是非常炎热和干燥的冬季；另一个是高温多雨的夏季。在干燥的冬季期间，树木的叶子脱落，以减少蒸腾，从而减轻旱季的水分丢失。在干旱高峰时期，卡廷加植被区的土壤温度高达60℃。旱季通常在12月或翌年1月结束。因此，光簕杜鹃及其栽培品种喜炎热干燥气候，在热带地区可四季开花。

图3-7 簕杜鹃的苞片类型

毛簕杜鹃的分布区仍在南美洲，从巴西里约热内卢向南一直分布到圣卡塔琳娜州。毛簕杜鹃的栽培品种在较凉爽、干燥的季节生长旺盛、开花繁茂。

秘鲁簕杜鹃原产南美洲秘鲁东北部的皮乌拉，该地区为热带干燥稀树草原季风气候。冬季5~10月白天平均气温25~28℃，晚上降到16℃。5~11月很少降雨。夏季12月至翌年4月为雨季，温度可40℃。因此，秘鲁簕杜鹃也喜炎热、干燥的气候条件。

巴特簕杜鹃是光簕杜鹃与秘鲁簕杜鹃的杂交种，同样喜炎热干燥气候，在热带地区可四季开花，该杂交种的品种是常见的栽培品种，应用很广泛。

总而言之，簕杜鹃属于陆地中生耐干旱植物，喜高温和干燥环境，其栽培品种在温暖且干爽的环境季节性开花，在高温且干爽的环境能四季开花。簕杜鹃有两个生长周期。一个是营养生长期，该时期主要包括新叶长出和茎伸长生长，时间6~8周。如果植株得到足够的阳光，将在此期间形成花蕾；如果光照不足，或水肥过多，将停留在营养生长期。另一个是开花期，营养生长很少或停止，时间5~8周。开花的时间长度和苞片颜色深浅取决于植物的健康和环境状况，特别是光照和热量。簕杜鹃的开花与光周期有一定关系，夏天（7~8月）昼长夜短的长日照会抑制开花能力。

簕杜鹃只在新长出的枝条上才能形成花芽。通常在昼短夜长的冬季开花，但开花与否在很大程度上还依赖于温度。在长日照下干旱胁迫也能刺激开花，可根据此原理进行花期调控。通常可让植株干燥到恰好萎蔫，以诱导花芽形成。一旦出现萎蔫症状即要适时浇水，过度干燥会导致植株落叶和休眠。簕杜鹃的制水促花技术已经成熟，广泛适用于簕杜鹃生产和园林绿化实践中，效果良好。

四、抗逆习性

簕杜鹃生长旺盛、适应性强，与其形态结构有密切关系。簕杜鹃根系具有保水结构，抗旱能力和耐移栽能力强。

刺是簕杜鹃的一种保护结构。前期刺具有叶绿素可进行光合作用，促进生长，后期刺不断木质化，成为坚硬、锐利的保护结构。

簕杜鹃单叶互生，绿色，全缘。叶片含有结晶体，是针对食草动物侵害的一种防护措施。叶片通过下述几种途径适应高温和干旱气候：平展的叶片有利于阳光的截获，同时其下表皮气孔群的密集分布方便气体交换；叶上表面具有较厚的角质层防止水分的散失；密集的毛有利于防止病虫害的侵入、减少水分的散失和缓冲紫外线的直接照射；叶片和植株其他器官中广泛存在的晶体有利于水分的保持并起到一定防护作用。叶除了促进抗逆性外，同时更是提高观赏价值的器官，比如不少品种具有花叶现象，使其叶片色彩丰富，花叶模式多样，观赏价值大为提高。同时不少品种的幼叶颜色也十分丰富，增加了簕杜鹃的观赏价值（图3-8）。

图3-8 簕杜鹃大型盆栽

第二节 栽培方式与形态性状

簕杜鹃类型多样，栽培品种繁多，适于露地、简易设施等多种栽培方式，在生产中发现，栽培方式的不同会导簕杜鹃在植株形态、叶片大小、苞片大小等方面存在较大差异，使品种鉴定、分类及新品种选育更为困难。然而，目前国内缺少关于簕杜鹃在不同栽培模式下形态性状差异的研究。本书在此分析了28个簕杜鹃品种（表3-1）在设施盆栽和露地地栽条件下的形态性状差异。

表3-1 试验观察的簕杜鹃品种

序号 No.	中文名 Chinese names	别名 Other Chinese names	品种学名 Cultivars
1	'罗斯维尔喜悦'簕杜鹃	'重苞橙黄'簕杜鹃	*Bougainvillea* × *buttiana* 'Roseville's Delight'
2	'重苞玫红'簕杜鹃	'维驰拉'簕杜鹃	*B.* × *buttiana* 'Vichithra'
3	'加州黄金'簕杜鹃	'金'簕杜鹃	*B.* × *buttiana* 'California Glod'
4	'拉斐泰'簕杜鹃		*B.* × *buttiana* 'Lafilte'
5	'橙红'簕杜鹃	'晚霞'簕杜鹃	*B.* × *buttiana* 'Afterglow'
6	'马尼拉小姐'簕杜鹃	'水红'簕杜鹃	*B.* × *buttiana* 'Miss Manila'
7	'中国丽人'簕杜鹃		*B.* × *buttiana* 'China Bcauty'
8	'变色龙'簕杜鹃	'闪亮之星'簕杜鹃	*B.* × *buttiana* 'Mary Helen'
9	'五宝'簕杜鹃	'粉黛'簕杜鹃	*B.* × *buttiana* 'Ladybird'
10	'橙冰'簕杜鹃	'金斑橙'簕杜鹃	*B.* × *buttiana* 'Orange Ice'
11	'金边樱花'簕杜鹃	'蜡染樱花'簕杜鹃	*B.* × *buttiana* 'Double Delinght'
12	'树莓冰'簕杜鹃	'金边大红'簕杜鹃	*B.* × *buttiana* 'Raspberry Ice'
13	'金色光辉'簕杜鹃	'柠檬黄'簕杜鹃	*B.* × *buttiana* 'Golden Glow'
14	'玛丽巴林夫人'簕杜鹃	'绿叶浅黄'簕杜鹃	*B.* × *buttiana* 'Lady Mary Baring'
15	'沙斑水红'簕杜鹃		*B.* × *buttiana* 'Miss Manila Fantasy'
16	'斑叶丽娜'簕杜鹃	'斑叶雪樱'簕杜鹃	*B. glabra* 'John Lettin Variegata'
17	'安格斯'簕杜鹃	'云南大叶紫'簕杜鹃	*B. glabra* 'Elizabeth Angus'
18	'丽娜'簕杜鹃	'雪樱'簕杜鹃	*B. glabra* 'John Lettin'
19	'翡翠白'簕杜鹃	'麻斑叶白花'簕杜鹃	*B. glabra* 'Galaxy'
20	'绿叶白花'簕杜鹃	'白苞'簕杜鹃	*B. glabra* 'Alba'
21	'金边白花'簕杜鹃		*B. glabra* 'Peggy Redman'
22	'马鲁'簕杜鹃	'雪紫'簕杜鹃	*B. glabra* 'Marlu'
23	'胭脂红'簕杜鹃	'兹纳巴拉特'簕杜鹃	*B. glabra* 'Zinia Barat'
24	'口红'簕杜鹃		*B.* × *spectoperuviana* 'Snow Cap'
25	'红心樱花'簕杜鹃	'马克瑞斯'簕杜鹃	*B.* × *spectoperuviana* 'Makris'
26	'金心双色'簕杜鹃	'金心鸳鸯'簕杜鹃	*B.* × *spectoperuviana* 'Thimma'
27	'塔橙'簕杜鹃		*B.* × *spectoglabra* 'Pixie Orange'
28	'绿叶樱花'簕杜鹃	'樱花'簕杜鹃	*B. peruviana* 'Imperial Delight'

一、栽培方式对多态性状的影响

研究结果表明，在设施盆栽和露地地栽 2 种栽培方式下，同一品种的质量性状、多态性状表现完全一致，说明设施盆栽和露地地栽对簕杜鹃的质量性状或多态性状表达无明显影响。同时，各质量性状在不同品种间差异显著，除了叶缘性状在 28 个品种中表现基本一致，其余性状各有差异，说明这些质量性状是品种之间识别的重要依据。以苞片形状为例，披针形苞片（'红蝶'簕杜鹃 B. 'Ratana Red'）、圆形苞片（'圣地亚哥红'簕杜鹃）、卵状披针形苞片（'火焰'簕杜鹃 B. ×spectoglabra 'Flame'）、卵形苞片（'斑叶马鲁'簕杜鹃 B. glabra 'Marlu Variedgated'）、椭圆形苞片（'印度三文鱼'簕杜鹃 B. ×spectoglabra 'Zakiriana'），这些性状在各品种间差异明显且表现稳定。

二、栽培方式对数量性状的影响

差异系数（Coefficient of Variation），也称变差系数、离散系数、变异系数，它是一组数据的标准差与其均值的百分比，是测算数据离散程度的相对指标，是一种相对差异量数。差异系数越大，代表性状差异越大，综合 2 种栽培模式的数据（表 3-2）可知，栽培方式对 28 个簕杜鹃品种的数量性状的影响效应显著，其中上叶柄长的差异幅度最大，最大值为露地地栽（6.90 cm），最小值为设施盆栽（0.20 cm），差异系数为 70.54%；第二是节间长，最大值为露地地栽（10.00 cm），最小值为设施盆栽（0.40 cm），其差异系数为 64.33%；中叶柄长、上部叶长、上部叶宽、花序总梗长、中部叶宽、苞片宽、中部叶长、苞片长均不同程度存在明显差异；差异幅度最小的是真花直径，最大值为露地地栽（1.70 cm），最小值为设施盆栽（0.20 cm），其差异系数为 20.88%。由此可见，同一品种在不同的栽培方式上数量性状的差异非常显著，变异幅度超过了传统的品种间差异的认知。

表 3-2　2 种栽培方式间数量性状差异分析

序号 No.	性状 Traits	最大值（cm）Max	最小值（cm）Min	平均值（cm）Average	标准差（cm）Std Dev	差异系数（%）CV
1	上部叶长	16.90	2.90	8.21	3.69	44.95
2	上部叶宽	10.60	1.90	5.36	2.39	44.62
3	上叶柄长	6.90	0.20	1.67	1.18	70.54
4	中部叶长	16.30	3.20	8.88	2.91	32.76
5	中部叶宽	10.70	1.70	5.68	2.01	35.28
6	中叶柄长	9.90	0.30	1.96	1.13	57.70
7	节间长	10.00	0.40	2.95	1.90	64.33
8	花序总梗长	7.70	0.40	3.57	1.50	42.06
9	苞片长	5.10	1.40	3.42	0.76	22.33
10	苞片宽	7.60	0.60	2.52	0.89	35.18
11	真花直径	1.70	0.20	0.68	0.14	20.88

三、两因素对数量性状的效应

对 28 个簕杜鹃品种的上部叶长、叶宽及叶柄长，中部叶长、叶宽及叶柄长，叶节间长，花序总梗长，苞片长，苞片宽和真花直径等数量性状进行栽培方式、品种 2 因素方差分析，结果表明，栽培方式对簕杜鹃的全部营养性状具有极显著的效应、对 75% 的生殖官有影响（除苞片宽；表 3-3），由此可见，营养器官性状的稳定性比生殖器官性状的稳定性小得多。

品种因素以及栽培方式和品种的互作效应对 11 个簕杜鹃数量性状的效应全部达到显著水平。

表 3-3 簕杜鹃性状双因素方差分析

序号 No.	性状 Traits	栽培方式效应（P） Cultivation effect	品种效应（P） Variety effect	栽培方式*品种互作效应（P） Cultivation*Variety effect
1	上部叶长	0.000**	0.000**	0.000**
2	上部叶宽	0.000**	0.000**	0.000**
3	上叶柄长	0.000**	0.000**	0.000**
4	中部叶长	0.000**	0.000**	0.000**
5	中部叶宽	0.000**	0.000**	0.000**
6	中叶柄长	0.000**	0.000**	0.000**
7	节间长	0.000**	0.000**	0.000**
8	花序总梗长	0.000**	0.000**	0.000**
9	苞片长	0.000**	0.000**	0.000**
10	苞片宽	0.099	0.000**	0.000**
11	真花直径	0.000**	0.000**	0.000**

注："*"表示5%差异显著水平；"**"表示1%差异极显著水平。

四、主要性状的多重比较分析

栽培方式对11个性状中的10个性状有极显著的效应（表3-3），分别是上部叶长、叶宽和叶柄长，中部叶长、叶宽和叶柄长，节间长等7个营养器官性状，花序总梗长、苞片长和真花直径3个生殖器官性状。多重比较分析的结果表明，这10个性状在露地地栽方式下的数量值远大于设施盆栽方式下的值，平均值达到了极显著的差异（图3-9、图3-10）。

在营养器官性状中（图3-9），栽培方式对7个性状有极显著效应，露地地栽比设施盆栽明显更大、更长，其中设施盆栽的上部叶长为5.03 cm，露地地栽的为11.39 cm；设施盆栽的上部叶宽为3.45 cm，露地地栽的为7.28 cm；设施盆栽的上叶柄长为0.76 cm，露地地栽的为2.61 cm；设施盆栽的中部叶长为6.80 cm，露地地栽的为11.01 cm；设施盆栽的中部叶宽为4.42 cm，露地地栽的为6.87 cm；设施盆栽的中叶柄长为1.39 cm，露地地栽的为2.53 cm；生殖器官性状中（图3-10），栽培方式对花序总梗长、苞片长和真花直径有极显著效应，其设施盆栽的花序总梗长为3.01 cm，露地地栽的为4.32 cm。

对28个簕杜鹃品种的上部叶长、叶宽、叶柄长，中部叶长、叶宽、叶柄长，叶节间长，花序总梗长，苞片长、宽和真花直径的分析，发现这些数量性状在不同品种间的差异极显著（$P < 0.01$；表3-3）。选取其中10个品种的6个主要性状进行深入分析。

参试品种的营养器官性状中，对于设施盆栽，比其他品种小的是：'塔橙'簕杜鹃 B. × spectoglabra 'Pixie Orange'的中部叶长（3.86 cm）和叶节间长（0.53 cm），'金边白花'簕杜鹃 B. glabra 'Peggy Redman'的中部叶宽（2.60 cm）；比其他品种大的是：'丽娜'簕杜鹃 B. glabra 'John Lettin'的中部叶长（9.33 cm），'绿叶樱花'簕杜鹃的中部叶宽（5.82 cm），'加州黄金'簕杜鹃的叶节间长（8.98 cm）。对于露地地栽，比其他品种小的是：'塔橙'簕杜鹃的中部叶长（5.18 cm）和中部叶宽（3.32 cm），'中国丽人'簕杜鹃 B. × buttiana 'China Beauty'（1.46 cm）；比其他品种大的是：'胭脂红'簕杜鹃的中部叶长（15.02 cm），'金心双色'簕杜鹃的中部叶宽（9.08 cm），'沙斑水红'簕杜鹃 B. × buttiana 'Miss Manila Fantasy'的叶节间长（5.34 cm）。

参试品种的生殖器官性状中，对于设施盆栽，比其他品种小的是：'塔橙'簕杜鹃的苞片长（1.66 cm）、苞片宽（1.11 cm）和真花直径（0.43 cm）；比其他品种大的是：'胭脂红'簕杜鹃的苞片长（4.72 cm），'沙斑水红'簕杜鹃的苞片宽（4.36 cm），'加州黄金'簕杜鹃的真花直径（0.93 cm）。对于露地地栽，比其他品种小的是：'塔橙'

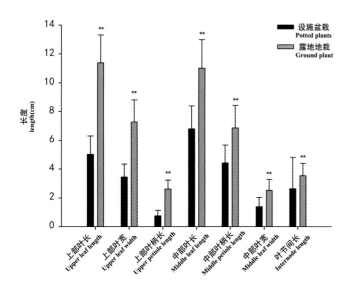

图 3-9　不同栽培方式簕杜鹃的营养器官性状差异

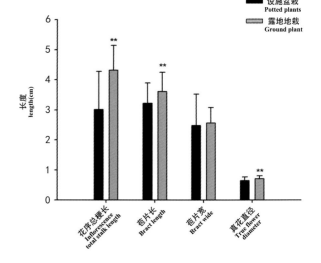

图 3-10　不同栽培方式簕杜鹃的生殖器官性状差异

簕杜鹃的苞片长（2.06 cm）和苞片宽（1.52 cm），'中国丽人'簕杜鹃的真花直径（0.54 cm）；比其他品种大的是：'胭脂红'簕杜鹃的苞片长（4.22 cm），'安格斯'簕杜鹃的苞片宽（3.48 cm），'胭脂红'簕杜鹃和'金心双色'簕杜鹃的真花直径（0.82 cm）。

迄今为止，探讨设施盆栽和露地地栽对簕杜鹃形态性状的影响尚未见报道。研究结果表明，簕杜鹃的上部叶长、叶宽及其叶柄长，中部叶长、叶宽及其叶柄长，叶节间长，花序总梗长，苞片长，苞片宽和真花直径等11个数量性状均受栽培方式、品种以及交互作用的影响呈显著性差异，归纳如下：

（1）质量性状受栽培方式的影响小，而数量性状受栽培方式的影响较大，大部分性状差异达到极显著水平，因此，在进行簕杜鹃性状测试时，应统一栽培方式，如果栽培方式不一样时，不宜采用数量性状（尤其是叶长、叶宽和叶柄长）作为判断品种特异性的依据。

（2）不同栽培方式的簕杜鹃数量性状具有非常大的差异，目前没有关于不同栽培方式对簕杜鹃形态性状的影响相关的研究。不同的栽培方式中，簕杜鹃露地地栽的上部叶长、叶宽、叶柄长，中部叶长、叶宽、叶柄长，叶节间长，花序总梗长和真花直径与设施盆栽存在不同程度的差异，这可能是与土壤因子和根系吸收有关。其中上叶柄长和叶节间长的差异幅度最大，分别为70.54%和64.33%，说明不同种质间上叶柄长和叶节间长这两个性状具有丰富的遗传信息和选择潜力，在育种改良方面有很大的空间，可通过品种（系）间杂交等相关育种技术选育出综合品质更加优良的簕杜鹃，为今后的簕杜鹃品种选育打下基础。而苞片长和真花直径的差异幅度最小，分别为22.33%和20.88%，说明这两个性状遗传较为稳定，受环境的影响小。簕杜鹃在园林应用中应遵循"适地适花"的原则，在进行园林植物配置时，要考虑栽培方式导致形态的差异，以及对景观效果的影响。

（3）不同簕杜鹃品种间的数量性状呈显著差异，簕杜鹃的形态分类学通常需要通过叶片、枝条、苞片等性状特征及颜色等形态方面差异来进行分类，在一定程度上还可以进行品种间亲缘关系的鉴定。周群根据《国际栽培植物命名法规》构建了观赏簕杜鹃的分类系统以花被管、苞片、叶片等性状进行6个种系和杂交种系的分类，并对引栽品种进行鉴定与整理。陈炽争对华南与西南地区进行实地调查来进行种群的形态学划分，以8个主成分分析表明花苞片重苞性、花被管综合特征、叶片大小、花苞片大小、茎刺综合特征及叶片特征是簕杜鹃属形态分类的重要指标。经过本试验的观察，叶片大小等数量性状作为品种分类依据要结合环境条件的差异谨慎应用。

综上所述，本试验分析了不同栽培方式、不同品种簕杜鹃性状的差异，研究结果可为簕杜鹃品种分类过程中选择合适的形态性状指标提供理论依据，也可为簕杜鹃品种选育和品种资源开发利用以及景观应用提供有益参考，促进簕杜鹃资源的开发利用。

第三节　园艺品种的分类特征

尽管簕杜鹃植株的部分形态性状变化很大，稳定性差，但是识别簕杜鹃品种主要依据形态特征，本节将对其主要的分类性状进行初步评价。评价主要基于国际植物新品种保护联盟（INTERNATIONAL UNION FOR THE PROTECTION OF NEW VARIETIES OF PLANTS，简称 UPOV），2011 年颁布的叶子花属特异性（distinctness）、一致性（uniformity）和定性（stability）的测试指南（DUS）。并根据该指南，结合作者的观察，对簕杜鹃品种识别的特征及品种 DUS 测定的重要性状进行分析和评价，主要包括株型、枝条、叶部、花部等性状。

一、株型

分为直立（Upright）、半直立（Semi-upright）、披垂（Spreading）3 种株型。

直立株型的典型代表为塔类品种，如'塔紫'簕杜鹃、'塔橙'簕杜鹃等，植株直立生长成灌木或小乔木（图 3-1）。

半直立株型为大部分品种的株型，下部直立，枝条上部弯曲，为典型的藤状灌木（图 3-11A、B）。

披垂株型植株枝条柔软弯曲，成丛状覆盖地面（图 3-12）。

在生产实践中，根据枝条伸展方向和坚硬程度，将簕杜鹃品种分为硬枝系品种与软枝系品种。硬枝品种包括'变色龙'簕杜鹃、'圣地亚哥红'簕杜鹃等品种，软枝系品种比如'金发女郎'簕杜鹃、五雀品种，包括'橙雀'簕杜鹃 B. × spectoglabra 'Chili Orange'、'红雀'簕杜鹃、'金雀'簕杜鹃 B. × spectoglabra 'Chili Yellow' 等。

图 3-11A　半直立株型

图 3-11B　半直立株型

图 3-12　披垂型植株

二、枝条

用于品种分类的枝条性状主要有以下4个，这些都是比较稳定可靠的识别性状。

1. 刺

簕杜鹃的刺是生长在叶腋中的枝刺，主要观察刺的有无、刺的长度、刺的弯曲程度及刺基部的形态（图3-13）。其中刺的弯曲程度包括直刺、斜生刺和弯刺等。

2. 各年龄段枝条颜色

枝条的颜色与其成熟度有关系，幼茎到老茎颜色不断变化（图3-14）。

当年枝：当年萌发的枝条，颜色分为浅绿色、绿色、淡红色、红色等。

图3-13 刺的类型

图3-14 各年龄段枝和颜色变化

上年枝：上年萌发较成熟的枝条。

老年枝：3 年以上的枝条。

上年枝、老年枝的颜色包括灰白色、浅褐色、褐色等。

3. 幼枝顶芽颜色

幼枝顶芽颜色也是品种识别的重要依据，常有绿色、褐色、红色等不同颜色及色泽深浅上的差异，幼枝顶芽颜色与苞片颜色有一定的相关性（图 3-15）。

4. 节间长度

节间长度在品种间差异明显，典型的有塔类品种节间短、叶密集着生。徒长枝的节间普遍较长，差异明显，不能与普通枝条相比较（图 3-16）。

图 3-15 顶芽的不同颜色

图 3-16 节间长度的差异

三、叶片

叶片的大小变化很大，但叶也是重要的品种分类依据，如叶片的形状、叶尖、叶基和叶缘的形态等性状还是比较稳定可靠的。叶部主要识别依据包括叶柄长度、叶形、叶基、叶尖、叶缘、叶片长度、叶片宽度以及叶色等性状，其中叶色包括花叶现象的类型及不同颜色色块的分布模式。

1. 叶柄长度

品种间叶柄长度差异明显，叶柄较长的品种以'蒙娜丽莎'簕杜鹃 B. peruvian 'Mona Lisa' 为代表，叶柄较短的以塔类品种为主（图3-17）。

2. 叶形

叶形包括阔卵形、卵形、圆形、圆形、披针形等（图3-18），这些还是区别不同簕杜鹃种、杂交种的性状。

图 3-17　叶柄长度差异

图 3-18　叶片的叶形、叶基、叶尖、叶缘形态

3. 叶基

叶基形态分为狭渐尖、急尖、圆钝，偶有浅心形的叶片基部形态。

基部圆形的品种，有'玛丽巴林夫人'簕杜鹃、'马哈拉'簕杜鹃。圆形与急尖有时在同一品种不同枝条位置存在形态过渡（图3-19）。

图 3-19　叶基的形态

4. 叶尖

叶尖形态分为急尖、尾尖、渐尖（图3-20）。

图 3-20　叶尖形态

5. 叶面主色

叶面主色包括黄白、黄、黄绿、浅绿、绿色、暗绿、墨绿、灰绿等。包括只有一种颜色以及具有花叶现象而存在多种颜色，但其中一种颜色分布面积大，成为主导叶色（图3-21）。

图 3-21　叶面主色、次色及分布

6. 叶面次色及分布

具有花叶现象的叶片存在多种颜色，色块面积仅次于主色的颜色称为次色。

叶面次色包括无、白、黄白、黄、浅绿、绿、暗绿、墨绿、灰绿等。

次色分布包括无、狭边、阔边、中肋周边、散布不规则（图3-21）。

7. 叶面第三色

花叶现象在叶面存在多种颜色，色块面积第三的为第三色。叶面第三色包括无、白、黄白、黄、浅绿、绿色、暗绿、墨绿、灰绿等（图3-21）。

'三角洲黎明'簕杜鹃 B.× buttiana 'Delta Dawn'叶背边缘分布的黄色为主色，中部分布的绿为次色，主色、次色之间的灰色为第三色（图3-21）。'金斑白花'簕杜鹃 B. glabra 'Pegg Redman'叶面也有3种颜色（图3-21）。

8. 叶缘

叶缘皱褶分为无、中、强3种程度（图3-22），大部分品种叶缘没有皱褶，其中强皱褶以'蒙娜丽莎'簕杜鹃的品种为代表。

9. 叶面平整度

叶面平整度也有差异，大部分簕杜鹃品种的叶片叶面是平整光滑的，横切面平直；但有的叶面皱褶起泡，有的叶面平整，有的叶两侧反卷、横切面"V"形，如'金叶重红'簕杜鹃叶面不平整，两侧上翻（图3-23）。

图3-22 叶缘的形态

图3-23 叶面的平整度

10. 花叶现象的类型

花叶现象是观赏植物的重要性状，除了上述5~7点关于叶色的分布及模式外，花叶现象在簕杜鹃中比较特别的现象如明斑、暗斑以及后明斑、先明斑等性状在测试指南（DUS）中没有体现，但在实践中也是重要的簕杜鹃品种分类依据（图3-24）。

明斑：花叶现象明显突出。

暗斑：花叶现象暗淡不明显。

后明斑：花叶现象在幼叶（新叶）中颜色浅不明显，随着叶片发育逐渐明显，在成熟叶上最明显。

先明斑：花叶现象发育进程与后明斑相反，花叶现象在幼叶（新叶）中颜色明显，随着叶片发育逐渐变淡，在成熟叶上不明显或完全变为绿叶。

图3-24 花叶现象的各种类型

四、花序

1. 花序梗

不同簕杜鹃品种的花序总梗长度和分枝模式不同（图3-25）。簕杜鹃花序有一回分枝、二回及以上分枝，偶有不分枝的类型。

二回、三回分枝的花序的代表如'金心橙白'簕杜鹃，花序二回及以上分枝是秘鲁簕杜鹃及其种间杂交种巴特簕杜鹃、多色簕杜鹃的花序分枝模式。

图3-25 花序梗及其分枝

花序一回分枝，偶二回分枝的代表如'茄色'簕杜鹃 B. glabra 'Marie Fitzpatrick'，这种花序分枝是光簕杜鹃、毛簕杜鹃及其种间杂交种光毛簕杜鹃花序分枝模式。

2. 花序着生位置

一般认为花序着生位置包括枝顶、叶腋、枝顶+叶腋3种（图3-26），但是这种分类有时不完全如此，中间类型很多。

图3-26　花序的着生位置

3. 花序的苞片丛（Bract Cluster）数量

光叶系苞丛3个，少数7个。秘鲁系苞丛常7个以上，这与花序的分枝模式相一致。

4. 花序的苞片丛密度

花序的苞片丛的密集程度在品种间存在差异，苞片丛从相互远离到密集聚集均有（图3-27）。

5. 真花的有无

所谓真花即是花被管，是着生在苞片上面的管状结构，是真正的花结构。重苞品种真花退化，其他品种真花管状。管状真花顶部开放呈星状，即星花，不同品种的星花明显程度不同（图3-28），星花颜色也有差异。

图3-27 花序苞丛数量与密度

图3-28 真花花被管及星花

6. 苞片类型

分为单苞、重苞2种类型（图3-29）。单苞指花序丛只有一层3片苞片，具有花被管（真花）。重苞指花管退化，苞片多数多层。此概念是重瓣花概念的引申。

图3-29 苞片的类型（重苞左，单苞右）

7. 苞片大小

苞片长度：苞片长度的品种间差异很大。蝶化的苞片常常变长。

苞片宽度：苞片宽度的品种间差异很大。蝶化的苞片常常变窄（图3-30）。

8. 苞片形态

苞片形态包括狭卵形、卵形、阔卵形、圆形以及披针形（图3-30）。

9. 苞片基部形态

苞片基部形态包括楔形（急尖）、圆钝或截形、心形等（图3-30）。

10. 苞片顶部形态

苞片顶部形态包括急尖、渐尖、圆钝突尖等类型，大部分为急尖（图3-30）。

11. 单苞花的真花裂片上面颜色

单苞簕杜鹃具有真花，盛开时花被管顶部成星状（星花），星花裂片上面颜色在品种间有差异。部分品种同花序的不同星花裂片上面颜色不同（图3-31）。

12. 单苞花的苞片外面颜色

不同真花发育时期，苞片外面主色也是重要的品种分类依据（图3-32）。

蕾期：指幼小苞片未展开时苞片外面主色的颜色

开放前：真花未开放时苞片上面主色。

开放期：真花开放时苞片上面主色、次色、第三色。

萎蔫期：真花萎蔫时苞片上面主色。

13. 苞片颜色分布类型

苞片颜色还可以简单分为单色、复色（图3-33A、B）。

图3-30 苞片大小、形态

图3-31 真花裂片的颜色

图3-32 不同真花发育阶段苞片外颜色变化

图3-33A 苞片单色和复色

同一植株同花序的不同发育阶段，其苞片颜色不一样，花色渐变，呈现五彩缤纷的现象，这是簕杜鹃的魅力之一（图3-34）。

同一植株同花序同发育阶段，其苞片颜色不一样，形成多色花的现象，同样是簕杜鹃的魅力之一（图3-35A、B）。

14. 重苞花的外侧及内侧苞片上面主色、次色

重苞的花色（苞色）也存在渐变和多色现象（图3-36），也存在单色和复色的品种，复色苞片外侧和内侧主色及次色分布格局也有变化。

除了测试指南（DUS）中列出的性状外，有些在生产实践中用于判断品种的性状也非常有用，比如下面几类。

花序分枝次数、真花大小及下部膨大程度和中部收缩程度（图3-37）等性状在测试指南（DUS）中也没有提到，但是光簕杜鹃与巴特簕杜鹃在这几个性状方面存在明显差异。

此外，叶脉颜色、苞片中肋颜色也是重要的分类依据，需要关注。

图3-33B　苞片单色和复色

图3-34　不同成熟度苞片颜色的渐变

图3-35A　同花序同成熟度的多色花

图 3-35B　同花序同成熟度的多色花

图 3-36　重苞的苞片颜色变化

图 3-37 真花（花被管）的形态差异

植株枝条、叶片和真花（花被管）表面毛的有无、多少等性状在传统品种分类是非常强调的，但是测试指南（DUS）没有提到，因其变化幅度大，过渡类型多，并不是重要的品种区分依据（图 3-38A、B），但品种间存在差异。

图 3-38A 幼枝、叶片及真花上的毛被情况

— 51 —

图 3-38B　幼枝、叶片及真花上毛被情况

第四章 簕杜鹃栽培与养护

东湖公园广场簕杜鹃

第一节　种苗繁殖技术

簕杜鹃在南方已经成为重要的绿化美化花木，在城乡生态建设中得到广泛使用，同时它也深受市民的喜爱，在庭院、阳台常见栽培。因此簕杜鹃的繁殖技术不仅专业生产者，而且普通爱好者也非常关注。传统种苗生产主要为扦插法、嫁接法等营养繁殖方式，以及种子繁殖等有性繁殖方法；现代技术包括组织培养等。种子繁殖较为费时费力，主要用于杂交育种培育新品种，由于扦插繁殖很容易，组织培养在生产中很少应用，因此种子繁殖和组织培养等繁殖技术在此不做介绍。本书主要介绍扦插法繁育种苗。

1. 苗床处理与基质选择

簕杜鹃扦插苗床一般宽度为 120~140 cm，长度为 10~20 m，高度为 15~20 cm，宜选择粒径大、通透性强的珍珠岩为基质，苗床底层采用鹅卵石或碎石以利于排水。扦插前宜用 50% 高锰酸钾或 1000 倍液多菌灵对苗床进行消毒处理。苗床一般建在温室或塑料大棚中，具有一定调控温度、湿度和光照的能力。如果在露地设置苗床，可以在扦插床上盖一层塑料薄膜隔绝外部环境，并视情况进行适当的遮光处理（遮光度 70%）。

苗床育苗主要被专业种植户和簕杜鹃生产企业规模化生产时采用，家庭栽培的爱好者繁苗数量少，可采用瓦盆等容器扦插育苗。

2. 扦插时间

6~9 月雨季虽然环境条件最好，但簕杜鹃处于营养生产阶段，很难生根，10 月至翌年 1 月冬季由于温度太低，不具备生根条件。综合来看，春天 3~4 月和秋天 8~9 月为扦插育苗最佳时间，气温在 25~28℃较为合适。

3. 插条准备

插条宜选择 1~2 年生完全木质化或半木质化的枝条（图 4-1），条长 12~15 cm，条粗 1 cm 左右，节间密，有侧芽 4~5 个的枝条。由于簕杜鹃枝梢带刺，为减少插穗叶片受伤而影响成活（带伤叶片容易黄化、脱落），在剪穗时宜将刺剪除，且插穗剪口必须平滑，上剪口离顶芽 0.5~1 cm 处平剪，下剪口贴近芽眼处剪成马蹄状的斜口。最好选择在阴天或在清晨、傍晚剪取插条，剪取的插条应采用 5% 高锰酸钾进行杀菌消毒处理，剪好后以 60 个插穗为一捆，用吲哚丁酸溶液 500PPM 浸泡处理基部 10 分钟（图 4-3、4-4）。

在规模化生产实践中，扦插育苗常用老熟枝条作插条，直径 1.5~3 cm，长度 20~25 cm（图 4-2），粗大的茎段也可以作为插条进行扦插（图 4-2）。

4. 扦插及管理

扦插时先用与插穗粗细相当的竹竿事先插出扦插穴，每个扦插穴相距 3~5 cm，再将插穗直插入苗床 3~5 cm，插入后压实周边基质，扦插完毕随即喷透第一次水。为保持簕杜鹃枝条、叶面及土壤的水分，扦插生根时需要每天喷水 2~3 次，叶面喷水 3~4 次。在夜间一次或多次地对插穗进行根外喷施营养液，插穗生根之前营养液配方应以非氮肥为主的综合性营养，可选用磷酸二氢钾或其他优质低氮复合肥添加适量的微量元素（图 4-5）。

5. 移盆

扦插后一般 30~40 天即可生根，根系丰满后即可移植（图 4-6）。移植宜在阴天下午进行，准备好无纺布制成的苗袋及栽培基质，每袋1株，入袋后用手轻轻压土，不可用力过大，以防压断嫩根。移植后浇透定根水，浇后放到温度偏高的地方遮阴缓苗，待苗木再次生长后，才能移入强光处（图4-7）。

6. 炼苗

簕杜鹃生根移栽后缓苗期较长，一般为15~30天，此期间浇水不可超量，温度不可偏低，遮阴要弱光，杂草及时清除。炼苗初期（缓苗期）尤其要加强水分管理，宜保持培养土湿润，以促进成活。浇水的次数因天气状况、降雨状况以及气温等实际情况而异，晴天每天浇水1~2次；湿润的情况下，可3~4天浇1次，应避免在夏、秋季中午高温时段浇水。

图4-1 采收插穗

图4-2 不同规格的插条（插穗）

图4-3 用混有生根剂的泥浆处理簕杜鹃插穗

图4-4 处理好的簕杜鹃插穗

图 4-5 大规模扦插育苗

图 4-6 穴盘消毒

7. 品种对成活率的影响

品种对扦插成活率有一定的影响,紫色品种扦插成活率较高,其次是红色品种,白色和斑叶品种较低。紫色品种为原生品种,根系发达,适应性强,所以成活率高,而红色为变异品种,变异后引种栽培的时间越短,成活率越低,其中重瓣品种成活率最低。白色和斑叶品种为芽变品种,须根较少,扦插成活率较低。

图 4-7 扦插苗上盆或插穗直接在盆中定植

第二节　关键栽培技术

一、园林栽培技术

簕杜鹃生命力很强，在园林栽培时对土壤要求不高，以排水良好的壤土和砂质土为佳。簕杜鹃园林配置的场地日照要充足，否则植株生长弱或营养生长过盛，造成不容易开花或开花量少。在江门地区，簕杜鹃花期集中在秋末至冬春，夏季是簕杜鹃营养生长的旺盛期，水肥供应需要加强，在此阶段每隔15天施一次花生麸或复合肥，连续3~4次，这对簕杜鹃的生长十分有利。

种植管理：在园林中簕杜鹃定植后的几个月里要经常摘芽，在枝条长有5片叶时顶芽连叶摘掉2或3片都可以（去2留3），当侧枝再长至5片叶时，再次连顶芽带叶片去2留3，如此不断重复，所形成的冠幅大而枝条密，有利于形成密集的花芽。在生长过程中，特别是紫花簕杜鹃，往往有徒长枝，要及时清除，以免破坏树冠形态。

控水促花：簕杜鹃自然花期在当年11月至翌年3月，不同品种花期有所差异。要使品种不同的簕杜鹃在某特定的时期同时盛放，做到"花随人愿开"，如簕杜鹃花展或其他花展等，就必须采取科学有效的控水方法。簕杜鹃花芽分化受细胞液浓度影响，可以通过人为控制簕杜鹃的浇水量来提高细胞液浓度，达到加快花芽分化，从而满足花展需要。

江门7~9月是盛夏台风季节，天气酷热、雨水较多，故大面积簕杜鹃控水要做好防雨的措施，有条件的最好是做个挡雨棚，具体做法如下。

7月下旬开始断根，即把从花盆出水孔伸长到地里的根切掉。控水（制水）即是控制盆花的浇水量，断根后开始控水直到8月25日。控水必须循序渐进，开始一个星期浇水量应维持在簕杜鹃叶子早上是展开的，而下午就有轻微卷曲为宜。第二个星期开始，每2~3天向树洒水一次，叶子保持萎蔫状态为最佳控水效果。然而，必须注意不同品种所表现的特征差别：如紫花系列由于叶片较薄，控水后，叶子就会卷曲；而红花系列，由于叶片较宽厚，控水后，卷曲情况就不明显，却表现为叶子逐渐变黄，部分老的叶子会脱落。8月25日控水结束。在整个控水过程中，如果遇下雨必须立刻用雨棚挡雨，否则控水无效。

控水结束后，头三天浇水非常重要，必须逐日增加浇水量，也就是第一天浇湿树干和盆土表面，第二天浇到盆土半湿，叶子半展开为准，第三天才可以浇透水。如果控水结束后，第一天就浇透水，这样就会造成叶子脱落，从而影响光合作用，影响花的质量。8月28~29日给簕杜鹃施一次复合肥，这次肥很重要，是壮花肥，它可以使簕杜鹃花开放得鲜艳且花期长，这样在国庆节我们就可以观赏到绚丽夺目、姹紫嫣红的簕杜鹃了。

适当施肥：在三角梅生长的过程中，需要不断地添加肥料，以保证植株营养的充足，一般在植株发芽3周左右，或者在植株生长到一定程度，就可以再添加一些有机肥料，比如粪肥，特别是在公园等绿化地，也可以用氮肥，用量为土壤的1%左右。

病虫害防治：簕杜鹃的适应性较强，但在生长环境不适宜的情况下也会发生病害，常见的病害有褐腐病和叶斑病。褐斑病在花和幼叶上发生，主要表现为花受害后呈水渍状褐色病斑，并在病部丛生灰色霉层，幼叶自叶缘开始发病，花、叶变褐萎垂，残留于枝上。褐斑病的防治首先要做好环境通风，其次是修剪病枝并销毁，药物防治可用甲霜灵、百菌清或异菌脲500倍液喷施。叶斑病主要表现为叶片有黄褐色斑点，周围有绿色晕圈，病斑扩展后边缘为暗褐色，后期病斑上出现小黑点，幼叶卷曲，老叶大量脱落。叶斑病的防治基础在于减少水珠在叶面的残留时间，特别在夏季，浇水时尽量避免浇在叶面，药物防治可以用多菌灵或代森锰锌500倍液，也可以用托布津800倍液喷施。

簕杜鹃的主要虫害有潜叶蝇（图4-8）蚜虫（图4-9）、蚧壳虫、红蜘蛛、蛴螬等。蚜虫主要危害新生叶芽和花芽，造成扭曲生长，严重时顶梢死亡，可用1500倍吡虫啉或3000倍抗蚜威喷雾防治。蚧壳虫多吸附在叶柄或嫩枝上，因成年虫体

图4-8 潜叶蝇

图4-9 蚜虫危害

表面有蜡质，一般药物难以杀灭成虫，最好在幼虫孵化期进行防治，也可以选用渗透性较强的甲氨基阿维菌素类乳油2000倍液加噻嗪酮1500倍液喷施。红蜘蛛在叶片背面危害，造成叶片卷曲或失绿，可用哒螨灵1000倍液或克螨特2000倍液喷施叶背防治。蛴螬主要嚼食簕杜鹃的根系，造成植株缺水死亡，可用辛硫磷1000倍液浇灌防治。

后期护理：一是定期除草，簕杜鹃在园林中种植后，要定期除草，保持良好的生长环境，避免杂草抢食营养，影响植株的生长。二是保持土壤湿润，簕杜鹃喜欢湿润环境，种植后，要定期浇水，特别是在夏季，要保持土壤湿润，避免土壤干燥，不利于植株的生长。三是保持树冠整洁，为保持植株的美观，应该定期给植株修剪，保持树枝和叶片的整洁，如果发现感染病害，应及时处理。四是保持环境整治，应该定期清扫种植区周边环境，保持环境清洁，减少灰尘的沉积，对植株生长有利。

二、盆花栽培技术

盆栽盆器选择加仑盆、硬质塑料盆、微型塑料盆、椭圆扁盆等，适用场景分别对应家庭盆栽、微型盆栽、附石盆景等。以加仑盆为例，植株高度30~50 cm，冠幅25~40 cm，可选0.5~2.0加仑的盆具，植株高度80~140 cm，冠幅60~90 cm，可选5~7加仑。

基质选择：宜选择偏酸性土壤，pH值为6.0~6.5，有机质丰富、疏松透气、排水性良好的黏壤土为好，基质配比：腐叶土：园土：沙土：有机肥 = 2：1：1：1，每年早春生长萌动期翻盆换土一次，换盆时将衰老的枝条以及过密的枝条剪去。

盆栽管理：①光照。适宜光照强、通风良好环境，可放在阳光充足的条件下养护。②温度。喜温暖湿润的环境，耐热，不耐寒，生长适宜温度20~30℃以上，越冬适宜温度10~12℃。③浇水。簕杜鹃耐干旱，忌积水，在生长旺盛期建议每天浇水1次，夏季浇水时间在早晨或傍晚，冬季浇水时间在中午，浇水以盆底有水渗出为宜。

施肥：观赏盆景施肥量要适当减少，一般用有机肥为主，可适量搭配复合肥使用，可在生长旺盛期以及开花后每月结合浇水追肥1~2次。而冬季防寒要增加钾肥的使用，可对叶面进行喷洒每隔10天一次，连续3~4次。

修剪：因簕杜鹃大部分品种植株耐修剪，植株枝条通过修剪后萌发能力强，可通过修剪、整形成不同的优美造型，以增加盆栽或盆景的观赏性。通常盆栽修剪，可在春季进行，剪除病枝、枯枝、适度剪短长枝，同时将交叉或重叠的枝条适度修剪；若盆栽处于开花时期，应在花谢后进行修剪，夏季应加强徒长枝和过密枝修剪。

三、花期调控技术

花期调控是根据植物开花习性与生长发育规律，通过施肥、控水、修剪、光照控制、温度控制，人为地改变观赏植物生长环境条件并使之提前或推迟开花的特殊技术措施。这些方法对簕杜鹃的花期调控同样是有效的，其中控水调控簕杜鹃的技术比较成熟，易于掌握、便于操作，在生产和家庭栽培实践中，得到较为广泛的应用。

1. 施肥

要使簕杜鹃多开花，必须保证充足的养分，同时施肥要适时适量，合理使用。一般4~7月生长旺期，每隔7~10天施液肥一次，以促进植株生长健壮，肥料可用复合肥、花生麸等。8月开始，为了促使花蕾的孕育，施以磷肥为主的肥料，每10天施肥一次。自10月开始进入开花期，从此时起至11月中旬，每隔半个月需要施一次以磷肥为主的肥料，同时给叶面喷施0.1%~0.2%的磷酸二氢钾溶液。以后每次开花后都要加施追肥一次，这样使簕杜鹃在开花期不断得到养分补充。

花期提前可以通过停止追肥、进行遮光、降低环境温度等措施来缓解花朵的开放。为了确保观赏植物能够在预定的时间开放，可以通过增施追肥，特别是进行叶面施肥的方法来进行催花。采用较多的方法是间隔数天为植株喷施一次磷酸二氢钾(浓度为0.2%~0.5%)催花药剂。通过这种方法进行处理，再适当增加光照对于促使花蕾迅速膨大、正常开放颇为有效。对于设施栽培，还可提高簕杜鹃设施内的温度，对于绝大多数观赏植物来说，提高环境温度能够有效地促使花朵迅速开放。

2. 控水

簕杜鹃花芽分化在很大程度上受水分多寡的影响，要使簕杜鹃开花整齐、多花，开花前必须进行控水。夏、秋季应在开花前45天左右进行控水，也就是说要使簕杜鹃在国庆节开花应在8月15日开始控水，控水一般要20~25天。

簕杜鹃平时浇水掌握"不干不浇，浇则要透"的原则，春秋两季晴天应每天浇水一次，夏季可每天早晚各浇一次水，冬季温度较低，植株处于半休眠状态，应控制浇水，以保持盆土呈湿润状态为宜。若碰到雨天，应将其搬进大棚或盖遮雨薄膜，以防盆土淋水。现蕾至盛花也要20天左右。也就是说9月10日左右必须控水完毕，之后给足水分供应，同时进行施肥，让花快速现蕾进入盛花。

控水3周后要浇足水，进行松土断根促发新根，然后补施肥料3次以上。促进花蕾萌动、生长，一般一个星期施肥一次，盛花后，再施肥一次，就能满足整个花期的需要。为了控制花序过长，花朵集中，株型紧凑，恢复浇水之时，可喷施一次多效唑，浓度万分之二。

3. 修剪

簕杜鹃生长迅速，生长期要注意整形修剪，以促进侧枝生长，多生花枝。花朵主要开放于枝条的顶端，花前60天应进行1次轻剪，发出新梢后进行控水，使叶芽变为花芽，这样开花才会更整齐。

每次开花后，要及时清除残花，以减少养分消耗。花期过后要对过密枝条、内膛枝、徒长枝、弱势枝条进行疏剪，对其他枝条一般不修剪或只对枝头稍做修剪，不宜重剪，以缩短下一轮的生长期，促其早开花、多次开花。

4. 光照控制

簕杜鹃喜光，为了使其枝叶生长正常，必须把簕杜鹃摆放在光线充足、通风良好的位置，保证每天光照8~12小时。如果摆放位置经常荫蔽，会使植株徒长，而减少开花数量。如果摆放位置不通风或盆与盆之间摆放过密，会使叶子脱落，特别是炎热夏天，忽热忽雨，容易造成大面积叶子脱落，从而影响植株的生长和开花。

簕杜鹃是典型的短日照植物，其开花期可通过遮光处理来调控。每天光照时间控制在9小时左右，可在一个半月后现蕾开花。具体做法是在夏、秋季开花期前70~75天对植株进行遮光，大约遮光50天后可现花蕾，然后逐步恢复正常光照，否则会使花朵颜色变浅。如需国庆节开花，遮光时间在8月初左右开始，将盆栽簕杜鹃置于不漏光的环境中，每天从下午5点开始至翌日上午8点完全不见光，每天喷水降温，这样保持50天即可现蕾。

5. 温度控制

簕杜鹃生长适温为 15~30℃，其中 5~9 月为 19~30℃，10 月至翌年 4 月为 13~16℃，在夏季能耐 35℃的高温，温度超过 35℃以上时，应适当遮阴或采取喷水、通风等措施，冬季应维持不低于 5℃的环境温度，否则长期 5℃以下的温度时，易受冻落叶。

6. 地栽控花

簕杜鹃落地栽植后，常因过度修剪及难以控水造成其花难以正常开放。由于地栽后水肥条件充足，生长迅速，为了不影响交通和行人的安全，对簕杜鹃的新生枝条进行修剪，修剪的结果会造成在自然条件下无法正常形成花芽，由于簕杜鹃的花是顶端簇生，应将刚萌生的嫩枝条修剪掉；同时落地栽植簕杜鹃的根系生长不受限制，可以吸取不同高度的地下土壤水分及养分，不利于在花期对其进行养分和水分的控制，不能使其由营养生长转化为生殖生长，促使花芽的形成。为了使交通要道上的簕杜鹃繁花似锦，提前进入盛花期，需在开花前进行间断控水，如若要国庆节开花，则应在 7 月下旬选择健壮成年植株，根据天气阴晴、空气干湿情况进行间断控水促花，连续 10~12 天不浇水，观察土壤，当土壤干燥发白，枝条失水萎垂、叶片枯黄时，浇点水，再继续控水，这样反复 2~3 次，使它的顶端生长停顿，养分集中，促进花芽分化，当枝梢顶部出现红晕时，再浇透水，每隔两周施过磷酸钙一次，40~50 天即可进入盛花期（图 4-10）。

图 4-10　天桥河岸簕杜鹃景观

第三节　园林养护管理

一、浇水

（1）灌溉用水应符合《地表水环境质量标准》（GB 3838—2002）要求的水质标准。在春夏秋生长期，在非控花阶段浇水的原则是"不干不浇，浇则浇透"。冬季温度较低，植株处于休眠、半休眠状态，减少浇水次数。

（2）夏秋季早晨、傍晚进行浇水，一般每天可浇1次；冬季及早春宜中午进行浇水，可3~4天浇1次水。

（3）雨后要及时排除积水。连续半月没有降雨，应对植物叶片进行冲洒，洗去积尘。

二、施肥

一般4~7月为生长旺期，每隔半个月施肥1次，以液肥为主，干肥为辅；无机肥为主，有机肥兼用。

（1）每年3~8月，每7~10天施氮∶磷∶钾=15∶15∶15的复合液肥1次；15~20天施氮∶磷∶钾=15∶15∶15的复合干肥1次，每株10~20 g，每两个月施有机肥一次。

（2）每年9~10月，施磷钾含量高的肥料，氮∶磷∶钾=15∶25∶20。

（3）平均气温低于15°C的月份，每月施肥一次即可。可适当增施钾肥以增强植株的抗寒能力。

（4）宜经常分析栽植基质的物化状况，结合植株的生长需求制定详细的施肥计划。促花及开花季节，宜选择含磷钾量高的复合肥。施肥宜在晴天，除根外施肥，肥料不应触及植株叶片，施液肥或干肥后应及时洒水清洗叶面。

三、修剪

（1）栽植后应适当修剪，使苗木的初始冠形既能体现初期效果，又有利于将来形成优美冠形。广场近路边的绿化带内侧应剪除影响行车及行人的枝条。

（2）簕杜鹃生长迅速，生长期要注意整形修剪，以促进侧枝生长，多生花枝。花朵主要开放于枝条的顶端，花前60天应进行1次轻剪，发出新梢后进行控水，使叶芽变为花芽，这样开花才会更整齐。每次开花后，要及时清除残花，以减少养分消耗。花期过后要对过密枝条、内膛枝、徒长枝、弱势枝条进行疏剪，对其他枝条一般不修剪或只对枝头稍做修剪，不宜重剪，以缩短下一轮生长期，促其早开花、多次开花。

四、中耕管理

栽植一年后，宜每年3月进行疏松基质或翻盆换土，并添加有机肥和其他可改善基质透气性的土壤改良材料。及时清除泥面杂草和植株下面的垃圾和杂物，除草应选在晴朗或初晴天气，土壤不过分潮湿的条件下进行。

冬季防寒：10月底采取根外追肥的形式喷施0.1%的磷酸二氢钾水溶液，每周1次，连续喷施4次。

五、安全防护

（1）在台风季节，应逐株检查植株，凡有安全隐患的应提前用竹竿或铁杆绑扎支撑固定。

（2）养护管理单位应建立健全安全生产防护的需要，建立健全的安全生产规章制度。在城市道路作业时，应遵守《中华人民共和国道路交通安全法》和《城市道路管理条例》，必须设置反光警示牌，作业人员必须佩戴具有反光标志的背心。

六、苗木补植

对死亡或残缺的植株，养护单位应及时进行补植和更换。若改变品种或规格，则补植的种类品种、苗木规格应与现有的近似，并与原来的景观相协调。

七、病虫防治

1. 病虫害种类

簕杜鹃主要病害有叶斑病、炭疽病、白粉病、灰霉病等，害虫主要有刺蛾、蚧壳虫、潜叶蝇和蚜虫。

2. 防治原则

对于病虫害的防治，贯彻"预防为主，综合治理"的原则。当发生病虫害时，主要采用化学防治方法。化学农药的使用应符合《农药安全使用标准》（GB 4285—1989）和《农药合理使用准则（二）》（GB/T 8321.2—2000）的要求。

3. 病害管理

适宜的药剂有百菌清、甲基托布津、雷多米尔、多菌灵等。一般连续喷药 3 次，7~10 天喷 1 次。

4. 害虫管理

适宜的药剂有马拉硫磷、吡虫啉、乐果等。一般每隔 7~10 天喷 1 次，连续 2~3 次。

5. 鼠害管理

应采取综合治理的对策控制鼠害。及时清理鼠类隐蔽的场所，清除种植容器中可供鼠类食用的食物，减少种植容器对鼠类种群的容纳量。对零星的害鼠，宜采用物理方法加以捕杀；当害鼠种群密度较高时，宜采用化学方法灭杀，但应采用合理的防护措施，保障人民及其他动物的安全。

第五章 | **江门簕杜鹃主要品种**

东湖征集序号 120 天地红霞

为方便生产、园林景观和生态建设，本章按照花色（苞片颜色）将江门地区100个簕杜鹃主要品种分组介绍。簕杜鹃花色丰富，除了大量纯色品种外，更多的是2种或以上颜色在同一苞片或同一枝条组合出现，色块的组合多样、色块分布模式复杂，按照苞片颜色进行簕杜鹃品种分组还是困难的，不少过渡色品种可以分到不同的组中，因此，按照颜色分组是典型的人为分类，目的是方便应用。本书将江门簕杜鹃品种分为7组，即红色组、粉色组、橙色组、紫色组、黄色组、白色组和复色组。复色组包括同一苞片上具有不同颜色的品种，同时也包括同一枝条或同一植株上具有不同苞色的品种，关于后一种情形，本书特指在同一成熟度的花朵具有不同的苞色，以区别不同成熟度苞色的差异。众所周知，簕杜鹃花朵不同的成熟度其苞片颜色变化很大，花色的分组主要依据盛开时渐变苞片的颜色划分。

在同一个色系之下，品种的排列按照学名的字母顺序排列，其中，没有种加词但具有英文品种名称的品种排在最前面，没有种加词但具有中文名的品种拼音字母顺序排列紧随其后排列。在同一色系其亲缘关系明确的品种紧随其后介绍，方便观察比较和研究。

第五章 江门簕杜鹃主要品种

第一节 红色组

'红灯笼'簕杜鹃

别　名：无
学　名：*Bougainvillea* 'Red Latern'
英文名：无

品种起源

不详。

形态特征

直立灌木，长势一般。嫩枝褐色，成熟枝颜色变深成褐色，有条纹。刺长 0.4~1.0 cm，直立细小，嫩刺褐色，有毛，老刺光滑。叶绿色，纸质，卵状披针形，长 6.5~7.0 cm，宽 4.5~5.5 cm，基部楔形，顶端渐尖。花着生于枝条上部和顶端，花序梗红褐色，常一回分枝；苞片狭卵形，内卷，3 苞片合抱成灯笼状，苞片基部圆形或浅心形，顶端急尖，长 2.5~3.0 cm，宽 2.0 cm，无毛，新苞和成熟苞片均鲜红色，颜色比较稳定；花被管长 1.0~1.5 cm，深红色；显花白色；雄蕊内藏。

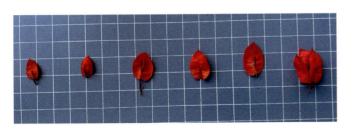

红色组

第五章 江门簕杜鹃主要品种

'红尾巴'簕杜鹃

别　名：'红狐狸'
学　名：*Bougainvillea* 'Red Tail'
英文名：无

红色组

品种起源

不详。

形态特征

主要形态性状与'粉尾巴'簕杜鹃 *B.* 'Pink Tail' 基本相近，不同之处在于苞片鲜红色，花更加密集地聚集在枝条顶端和上部。

'西瓜'簕杜鹃

别　　名：无
学　　名：*Bougainvillea* 'Watermelon'
英文名：无

红色组

品种起源

不详。

形态特征

灌木。嫩枝淡黄色，成熟枝褐色。叶绿色，较密集，阔卵形，基部近圆形，顶端急尖。花着生于枝条上部和顶端；苞片椭圆形，新苞和成熟苞片均粉红色，颜色比较稳定。

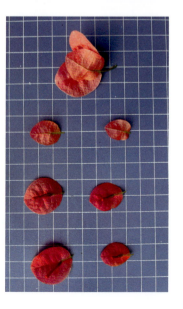

第五章　江门簕杜鹃主要品种

'红蝶'簕杜鹃

别　　名：'拉塔纳红''红蝴蝶'
学　　名：*Bougainvillea* 'Ratana Red'
英文名：'Red Butterfly'

红色组

品种起源

不详。

形态特征

藤状灌木，生长缓慢。枝条下垂。刺基本退化，或少，短小，微弯。叶片长椭圆形、披针形，边缘形状不规则，颜色有两种：其一叶片为灰绿色，叶面上似有一层白粉霜；其二叶片中间为灰绿色，周边有不规则的奶黄色斑块，二者之间有浅灰色小斑块镶嵌绿色之中。枝端着花，花量大；苞片呈条状，披针形，形状奇异，形似蝴蝶，新苞深红色，老苞洋红紫色；花被管与苞片同色；真花奶白色，不明显。反复开花。最奇特和最引人注目的簕杜鹃品种之一。

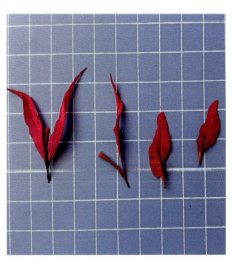

'芭芭拉卡斯特'簕杜鹃

别　　名：'玫红''绿叶玫红''玫瑰红''枣红'
学　　名：*Bougainvillea* × *buttiana* 'Barbara Karst'
英文名：无

品种起源

杂交起源，杂交亲本为'红湖'簕杜鹃 *B.* × *buttiana* 'Crimson Lake'和'亮叶紫'簕杜鹃（Singh，1999）。

形态特征

生长旺盛，植株浓密。枝条下垂，新芽铜色。刺中等，直立或顶端略弯，绿色。叶片近卵形，顶端渐尖，叶基阔楔形，叶柄稍长，新叶铜红色，转中绿色，老叶深绿色，叶面有微柔毛，叶背被毛或光滑。花序分布整个枝条，花序轴褐红色，二回以上分枝，花苞相互挤靠；苞片椭圆形，基部心形，顶部圆钝有突尖，长 4.2 cm，宽 3.1 cm，质薄柔软，有波折；新苞片和成熟苞片均为玫红色，花色较稳定；花被管长 1.5~2.0 cm，深红色，被微柔毛，下半部略膨大，中部稍缢缩；星花细小呈奶白色。整个枝条均有花序，常年开花，花谢后不宿存。

第五章　江门簕杜鹃主要品种

红色组

'暗斑大红'簕杜鹃

别　　名：'胡安妮塔哈顿''暗斑猩红'
学　　名：*Bougainvillea* × *buttiana* 'Juanita Hatten'
英文名：无

品种起源

芽变自'树莓'冰簕杜鹃 *B.* ×*buttiana* 'Raspberry Ice'。1984年，美国哈顿苗圃公司（Hatten's Nursery, Inc.）的主人 William A. Hatten 在亚拉巴马州南部的莫比尔市发布该芽变新品种。

形态特征

紧凑型灌木，生长较为缓慢。新枝向阳面淡橙色，背光面淡绿色，嫩枝上有黄绿相间条纹。刺中等，微弯。叶片卵形，长 11.0 cm、宽 7.0 cm，基部圆形、急尖，顶端急尖至短渐尖，绿色，新叶铜色，中间有黄绿色暗斑，新萌发的幼叶暗斑偏红，老叶逐渐变得不明显。枝端成束着花，花序二回以上分枝；苞片圆形，稍扭曲，基部心形，顶端圆钝，新苞深红色，老苞洋红紫色；花被管深红色，真花橙红色或白色，不明显。常年开花。

第五章 江门簕杜鹃主要品种

红色组

'马哈拉'簕杜鹃

别　　名：'绿叶重红''运河火''马哈拉深红''马哈拉重瓣红'
　　　　　'马尼拉魔幻红''马尼拉红''百万美元''马哈拉公主'
学　　名：*Bougainvillea* × *buttiana* 'Mahara'
英文名：'Klong Fire' 'Mahara Crimson' 'Mahara Double Red'
　　　　'Manila Magic Red' 'Manila Red' 'Million Dollar' 'Princess Mahara'

红色组

品种起源

　　源于菲律宾，为'巴特夫人'簕杜鹃芽变品种，由菲律宾玛丽埃塔雷蒙多夫人（Mrs. Marietta H. Raymundo）1960年在自家的花园里培育而成。1963年，由菲律宾拉古纳农业学院的教授潘乔博士（J. V. Pancho）命名发布。之后，美国洛杉矶一位名为戴维巴里二世（Daivd. Barry Jr.）的苗圃主在扦插一批来自菲律宾的不知品种名称的枝条后也获得该品种，并于1964年申报美国植物新品种专利，1966年获批，专利号PP2630。

形态特征

　　藤状灌木，生长旺盛。新芽铜绿色，微毛。幼枝红色，老枝褐色。老茎无毛。刺直或稍弯。叶片圆卵形，长7.0~8.0 cm，宽5.5~6.0 cm，基部圆形急尖，顶短急尖或尾尖，深绿色，无毛，新叶铜色。花序着生枝条顶端到中部，花序梗红褐色，多次分枝；苞片多数成重瓣型，每组20~40瓣苞片，再组成聚伞花序；苞片窄卵形至椭圆形，阔底，先端渐尖，大小不等，从外到里不断变小；新苞罗丹明红色，转罗丹明浅紫色；花退化，无花被管，苞片凋谢时宿存。夏、冬两季开花。

第五章 江门簕杜鹃主要品种

红色组

— 75 —

'马尼拉小姐'簕杜鹃

别　名：'探戈' '同安红' '水红'
学　名：*Bougainvillea* × *buttiana* 'Miss Manila'
英文名：'Tonga'

红色组

品种起源

源于菲律宾马尼拉，由一位名为玛丽（Mary）的女士采集种子培育而成，由夏威夷檀香山植物园主任韦西奇（Paul R. Weissich）命名。1959年，菲律宾拉古纳农业学院教授 Juan V. Pancho 和 Eliseo A. Bardenas 在杂志《Baileya》第七期"菲律宾的三角梅"专栏中收录并首次公布名称，2006年获英国皇家园艺学会花园植物优异奖。

形态特征

藤状灌木，生长旺盛，植株浓密。枝条下垂。新芽铜色。刺中等，直立或顶端略弯，绿色，新刺被毛，老刺光滑。叶片近卵形，顶端渐尖，叶基阔楔形，叶柄稍长新叶铜红色，转中绿色，老叶深绿色，叶面有微柔毛，叶背被毛或光滑。花序分布整个枝条，花序轴褐红色，二回以上分枝，花苞相互挤靠；苞片椭圆形，基部心形，顶部圆钝有突尖，长4.2 cm，宽3.1 cm，质薄柔软，有波折；新苞片金橙色，转胭脂红色至橙红色，成苞胭脂水红，整个花期颜色变化丰富；花被管长1.5~2.0 cm，水红色，被微柔毛，下半部略膨大，中部稍缢缩；星花细小呈奶白色，初期不明显，后期醒目。整个枝条均有花序，盛开时形成花瀑状，常年开花，花谢后不宿存。

第五章　江门簕杜鹃主要品种

红色组

'金边马尼拉小姐'簕杜鹃

别　　名：'斑叶水红''斑叶同安红''斑叶马尼拉小姐'
学　　名：*Bougainvillea* × *buttiana* 'Miss Manila Variegata'
英文名：无

品种起源

源于'马尼拉小姐'簕杜鹃的芽变。

形态特征

藤状灌木，生长较旺盛，植株浓密。新芽和新叶粉红色。刺长 0.5~2.0 cm，直立或顶端略弯。叶片纸质，卵形，长 7.0~8.0 cm，宽 5.0~6.0 cm，基部圆形或阔楔形，顶端短渐尖或急尖；叶缘有不规则的金黄色宽边，中肋两侧绿色，二者之间具有不规则灰色小斑块。花着生于枝条顶端，花梗褐色；苞片近圆形，长 3.0~3.5 cm，宽 3.0 cm，水红色；花被管长 1.5~2.0 cm，水红色，被微柔毛，下半部略膨大，中部稍缢缩；星花细小呈奶白色，初期不明显，后期醒目；雄蕊在花管口，可见。常年开花，花谢后不宿存。

第五章　江门簕杜鹃主要品种

红色组

— 79 —

'月光红'簕杜鹃

别　　名：无
学　　名：*Bougainvillea* × *buttiana* 'Moonlight Red'
英文名：无

红色组

品种起源

不详。

形态特征

紧凑型灌木，长势中等。新枝褐红色，老枝褐色。刺少，短小。叶片卵形，长 7.0 cm、宽 5.0 cm，基部楔形、急尖，顶端急尖至短渐尖，绿色，新叶铜色。枝端成束着花，花序二回以上分枝；苞片椭圆形，基部浅心形，顶端圆钝，新苞深红色，老苞洋红紫色；花被管深红色，真花橙红色或白色，不明显。开花较勤。

第五章 江门簕杜鹃主要品种

'树莓冰'簕杜鹃

别　　名：'金斑大红''金边大红''夏威夷''热带彩虹'
学　　名：*Bougainvillea* × *buttiana* 'Raspberry Ice'
英文名：'Hawaii'' Tropical Raibow'

品种起源

不详。

形态特征

藤状灌木，生长旺盛。幼枝绿色。新芽铜红色。刺细长，0.8~1.5 cm长，浅褐色，直立。叶片较大，长6.0 cm，宽4.0 cm，卵形，基部圆形，顶部短渐尖或急尖，常反卷，绿色，无毛，随季节不同叶片会出现形状不同的黄色斑块或黄叶，在黄色边缘斑块和中部绿色之间具有浅灰色小斑块，幼叶边缘为铜红色斑块。花序着生枝条上部，花序梗褐色，二回以上分枝，苞片椭圆形，基部心形，顶部圆钝突尖，深红色至红紫色；花被管与苞片同色或更深；星花白色，不明显；雄蕊在花被管口，可见。

第五章　江门簕杜鹃主要品种

红色组

'圣地亚哥红'簕杜鹃

别　　名：'猩红奥哈拉' '夏威夷猩红' '美国红' '潮州红'
学　　名：*Bougainvillea* × *buttiana* 'San Diego Red'
英文名：'Scarlet O' Hara' 'Hawaiian Scarlet' 'American Red'

红色组

品种起源

自然种间杂交品种，亲本不详。据美国洛杉矶市圣地亚哥历史中心文件记载，1940年，圣地亚哥"一成资苗圃"（Issei-owned Nursery）主——旅居美国的日本人江崎爱之助（Esaki Ainosuke）在自己的苗圃里培育和发现了该品种，并将其命名为 *B.* × *buttiana* 'San Diego Red'，2006年获英国皇家园艺学会花园植物优异奖。

形态特征

直立松散灌木，生长旺盛。新茎紫红色，嫩茎上有黄绿相间条纹。新芽铜红色。刺短直，嫩刺粉色或绿色，有毛，老刺光滑。叶片较大，质地厚，卵圆形，顶端短渐尖，叶基圆形、截形，偶阔楔形，暗绿色，新叶铜色，短茸毛。花量大，整个枝条均有花序；苞梗较长，二回以上分枝，褐色；苞片圆形，基部近心形，顶端圆钝突尖，长4.0 cm，宽4.0 cm，红色，新苞片带有橙色阴影，老苞片颜色变化不明显；花被管长约2.0 cm，与苞片同色，稍暗，被微柔毛，下半部略膨大，中部微缩，无毛或微柔毛；星花显著，白色；雄蕊8条，伸出花被管。春、秋两季开花，春季往往先叶后花。

第五章　江门簕杜鹃主要品种

红色组

'猩红公主'簕杜鹃

别　　名：'圆叶玫红'
学　　名：*Bougainvillea* × *buttiana* 'Scarlet Queen'
英文名：无

品种起源

来自'巴特夫人'簕杜鹃的芽变（Singh at al., 1999）。

形态特征

　　直立灌木，长势一般。新茎浅褐色，嫩茎上有黄绿相间条纹。刺短直。叶片较小，阔卵形，顶端短尖，叶基圆形、截形。花序二回以上分枝；苞片椭圆形，基部圆楔形，顶端圆钝，长 3.0 cm，宽 3.0 cm，幼嫩苞片和成熟苞片均为玫红色，花色稳定；花被管长约 2.0 cm，与苞片同色，稍暗，被微柔毛，下半部略膨大，中部微缩；星花显著，白色。

'蓝月亮'簕杜鹃

别　名：'金边玫红''祖基'
学　名：*Bougainvillea* × *buttiana* 'Zuki'
英文名：'Bambino Zuki'

品种起源

2000年澳大利亚Bambino公司发布。

形态特征

灌木状，生长势较弱，株型稳定而紧凑。新枝绿色。新芽红褐色。刺长0.5~1.0 cm，直立，褐色。叶纸质，叶片卵形，基部圆形带急尖，先端短渐尖或急尖，叶片长达7.0 cm，宽达5.5 cm，叶面平整；叶片暗绿色，具狭窄的乳白色边，二者之间具灰色小斑块，新叶边缘红色；枝叶乳白色。花量大，枝条上部着花，花序梗绿色；单苞，苞片近圆形，直立，长4.0 cm、宽3.0 cm，红色，不同成熟度的苞片颜色较一致，基部心形，顶端圆钝突尖；花被管长1.5 cm，稍缢缩，花被管与苞片同色；星花白色，显著。

'豹斑重红'簕杜鹃

别　名：无
学　名：*Bougainvillea* × *buttiana* 'Bao Ban Chong Hong'
英文名：无

品种起源

不详。

形态特征

非常特别的一个簕杜鹃品种，属于重苞的巴特簕杜鹃，花序和苞片结构和颜色与'马哈拉'簕杜鹃相似，特别之处在于叶片豹斑形态的花叶。

'红雀'簕杜鹃

别　　名：'软枝小花红''小红雀''辣椒红''爆竹红''番茄红'
学　　名：*Bougainvillea* × *spectoglabra* 'Chili Red'
英文名：'Firecracker Red''Tomoto Red'

品种起源

杂交育成品种，由 *B. spectabilis* 'Thomasii' 为母本、光簕杜鹃为父本杂交后代选育而成。1970 年，由澳大利亚人杜利（W. F. Turley）在昆士兰发布（Singh et al., 1999）。

形态特征

小型藤状灌木，披散型植株，生长势较弱。枝条下垂柔软。刺中等，细，微弯。叶片椭圆形或卵形，长 5.0~5.5 cm，宽 4.0~4.5 cm，基部圆形，顶部渐尖，两侧波折内卷，新叶铜红色，转黄绿色，成熟叶中绿色。整个枝条均有花序，花后宿存；苞片质地薄，卵形或椭圆形，长 3.5 cm，宽 2.5 cm，基部心形，顶端急尖或短渐尖，新苞片罗丹明红色，带有陶土色阴影，老苞带有紫色阴影；花被管细，与苞片同色，基部稍膨大，中部稍缢缩；星花黄白双色；雄蕊伸出花被管。可结籽。不耐寒，不耐旱。

第五章 江门簕杜鹃主要品种

红色组

— 91 —

'斑叶洋红公主'簕杜鹃

别　　名：无
学　　名：*Bougainvillea* × *spectoperuviana* 'Mahatma Dandhi Variegata'
英文名：无

品种起源

芽变自'洋红公主'簕杜鹃，1969年在印度发布。

形态特征：

形态性状基本近于'洋红公主'簕杜鹃，不同之处在于叶片具有奶油色的斑块。

'莱星粉'簕杜鹃

别　　名：'兹纳巴拉特''百日草巴拉特''胭脂红'
学　　名：*Bougainvillea* × *glabra* 'Rijnstar'
英文名：'Zinia Barat'

品种起源

不详。

形态特征

　　植株藤状灌木，长势较旺盛。幼枝浅绿色，被毛，老枝褐色。刺少，长 0.6~0.7 cm。叶纸质，椭圆形，长 6.8~10.4 cm，宽 3.0~5.4 cm，基部心形，上部渐尖，绿色。花序着生枝条上部，花序梗绿色；苞片椭圆形或卵形，长 3.2~3.8 cm，宽 2.2~2.7 cm，基部圆形或阔楔形，上部急尖或渐尖，胭脂红；花被管长约 2.1 cm，与苞片同色，基部膨大，中部缢缩；星花明显，黄绿色；雄蕊未伸出花被管，管口可见。

第五章 江门簕杜鹃主要品种

'火焰'簕杜鹃

别　名：'桑巴''热火桑巴'
学　名：*Bougainvillea spectabilis* 'Flame'
英文名：'Ruby'

红色组

品种起源

来源于杂交品种，在印度育成（Singh et al., 1999）。

形态特征

藤状灌木，生长势中等。刺较细，中等长 0.8~2.0 cm，微弯。顶芽暗红色。幼茎绿色或浅褐色，老茎深褐色。叶片狭卵状披针形，绿色，长 7.5 cm，宽 4.3 cm，基部圆楔形，顶端渐尖，叶背被毛或光滑。枝中部和上部着花，花量大；苞片卵形，长 4.0 cm，宽 2.5 cm，基部圆形，顶部短渐尖，新苞片、老苞片均为鲜红色，苞脉暗色且明显；花被管细，2.0~2.5 cm，底部膨胀，中部微缩，红褐色；星花白色或红色、橙色相间，醒目。

'佩德罗'簕杜鹃

别　名：无
学　名：*Bougainvillea spectabilis* 'Pedro'
英文名：'Bambino Pedro'

品种起源

种子培育品种，亲本不详，澳大利亚 Bambino 公司发布。

形态特征

藤状灌木，生长势一般。刺较细，中等长 1.0~2.0 cm，微弯。新芽有毛，顶芽暗红色。新茎有毛，幼茎绿色或浅褐色，老茎深褐色。叶片椭圆形，深绿色，长 2.5~3.0 cm，宽 2.0~2.5 cm，基部圆楔形，顶端短渐尖，叶有毛。枝中部和上部着花；苞片椭圆形，长 2.0~2.5 cm，宽 2.0 cm，基部圆形，浅心形，顶部急尖，新苞片、老苞片均为深红色到锈红色，老苞片颜色更浅，深色脉纹明显；花被管细，2.0~2.5 cm，底部膨胀，中部微缩，绿色，有红褐色，有毛；星花白色，醒目。

江门地区簕杜鹃品种与应用

红色组

第五章 江门簕杜鹃主要品种

'酒红'簕杜鹃

别　　名：'莱特瑞提亚''达累斯萨拉安''砖红'
学　　名：*Bougainvillea spectabilis* 'Lateritia'
英文名：'Dar Se Salaan'

红色组

品种起源

从杂交后代选育而成的品种，亲本不详，1865年4月皇家斯劳苗圃的特纳先生（Mr. Turner）将其命名为 *B. spectabilis* 'Lateritia'。

形态特征

浓密灌木，生长较为缓慢。刺明显，中等长 0.8~2.0 cm，微弯。叶片椭圆形至倒卵形，长 7.8 cm，宽 5.3 cm，基部楔形，顶端短尖，新叶中绿色，老叶绿色，触摸有毛感，叶面有柔毛，叶背被毛或光滑。枝端着花，花量大；苞片椭圆形至卵形，长 4.0 cm，宽 3.0 cm，基部圆形，顶部急尖，新苞片红色转砖红色，老苞片带点橙色，苞脉明显；花被管细，底部膨胀，中部微缩，红褐色；花奶油色，醒目。干燥气候下开花。

第二节 粉色组

'粉尾巴'簕杜鹃

别　　名：'粉狐狸'
学　　名：*Bougainvillea* 'Pink Tail'
英文名：无

品种起源

不详。

形态特征

直立灌木，生长旺盛。嫩枝绿色或黄绿色，成熟枝颜色变深呈褐色。节密集，刺长 0.4~1.0 cm，直立或顶端略弯，嫩刺绿色，有毛，老刺光滑。叶绿色，密集螺旋状排列，厚纸质，卵状披针形，长 6.5~7.5 cm，宽 4.5~5.5 cm，基部圆形急尖，顶端渐尖。花着生于枝条顶端或上部，密集，花序梗红褐色，一至二回以上分枝；苞片长卵形，基部圆形，顶端急尖，长 4.0 cm，宽 3.0 cm，无毛，平整，新苞深粉色偏紫，转粉色，颜色比较稳定；花被管长 1.5~2.0 cm，深红色；星花白色；雄蕊内藏或伸出。

第五章 江门簕杜鹃主要品种

粉色组

'虎斑'簕杜鹃

别　　名：无
学　　名：*Bougainvillea* 'Tiger'
英文名：无

粉色组

品种起源

不详。

形态特征

藤状灌木。嫩枝淡黄色，成熟枝褐色。叶绿色，纸质，卵状披针形，基部楔形，顶端渐尖，叶面具黄色不规则条纹。花着生于枝条上部和顶端，常二回分枝；苞片狭卵形，新苞和成熟苞片均鲜亮粉红色，颜色比较稳定。

'沙斑叶水红'簕杜鹃

别　名：'麻斑水红'
学　名：*Bougainvillea* × *buttiana* 'Bilas'
英文名：无

品种起源

不详。

形态特征

藤状灌木，枝条下垂，植株浓密。新芽铜色。刺中等，直立或顶端略弯，绿色，新刺被毛，老刺光滑。叶片近卵形，顶端渐尖，叶基阔楔形，叶面具白色细密小斑点，分布不规则，叶上面有微柔毛，叶背被毛或光滑。花序分布整个枝条，花序轴褐红色，二回以上分枝；苞片椭圆形，基部心形，顶部圆钝有突尖，长 4.2 cm，宽 3.1 cm，质薄柔软，有波折；新苞片金橙色，转胭脂红至橙红色，成苞胭脂水红色，整个花期颜色变化丰富；花被管长 1.5~2.0 cm，红色，被微柔毛，下半部略膨大，中部稍缢缩；星花细小呈奶白色，常年开花，花谢后不宿存。

第五章 江门簕杜鹃主要品种

'中国丽人'簕杜鹃

别　名：无
学　名：*Bougainvillea* × *buttiana* 'China Beauty'
英文名：无

粉色组

品种起源

不详。

形态特征

藤状灌木，生长势一般。新芽绿色混白色或粉红色。新枝绿色。刺长 0.5~1.0 cm，直立或顶端略弯。叶纸质，卵圆形至长卵圆形，先端短渐尖，长达 6.0 cm，宽达 5.0 cm，叶面中部绿色，边缘具黄色宽边，二者之间具有不规则的灰色小斑块。花量一般，枝尖着花，绿枝花序梗绿色、冰枝花序梗粉红色；单苞，苞片卵圆形；新苞片粉色，成熟花苞片浅粉色，苞片基部圆形或浅心形，顶端圆钝突尖，花后宿存；花被管长 1.5 cm，几不缢缩，粉红色；星花白色，较小。

— 106 —

'洒金粉红'簕杜鹃

别　　名：'粉红梦幻''洒金宫粉'
学　　名：*Bougainvillea* × *buttiana* 'Fantasy Pink'
英文名：'Hujan Panas Pink'

品种起源

来自簕杜鹃品种 *B.* × *buttiana* 'Texas Dawn' 的芽变。

形态特征

藤状灌木，生长势较强。新芽浅铜色。嫩枝绿色，成熟枝红褐色。刺长 1.0~2.5 cm，直立或顶端略弯。叶纸质，阔卵形至圆形，基部圆形，叶尖、尾尖或急尖，叶面绿色，绿色叶面上具有溅射状黄色斑点。花着生于枝条顶端或上部，花序梗浅红褐色；苞片近圆形，基部心形，顶端圆钝具突尖，浅粉紫色，粉红色；花被管长约 1.5 cm，浅绿色，中部少缢缩；星花白色；雄蕊内藏管口，可见。

粉色组

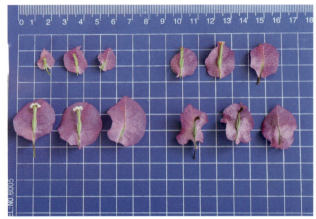

'洛斯巴诺斯美女'簕杜鹃

别　　名：'洛斯巴诺斯美人''重瓣粉''马哈拉粉''菲律宾小姐'
　　　　　'宝塔粉红''菲律宾大巡游''粉红香槟''粉红喜悦'
　　　　　'大溪地少女''西施重粉''怡红'
学　　名：*Bougainvillea* × *buttiana* 'Los Banos Beauty'
英 文 名：'Double Pink''Mahara Pink''Miss Philippine''Pagoda Pink'
　　　　　'Philippine Parade''Pink Delight''Tahitian Maid'

粉色组

品种起源

芽变自'马哈拉'簕杜鹃。1967年，由 J. V. Pancho 在菲律宾的拉古纳农业学院培育并发布，1968年申请美国植物新品种专利，1971年获批，专利号为PP3029。

形态特征

枝条直立生长，新枝浅红褐色，成熟枝颜色变深。茎干刺小不明显，刺长0.5~2.0 cm，直立或顶端略弯，新刺浅红褐色，有毛，老刺颜色变深。叶小且厚呈卵圆形，长7.5 cm，宽5.0 cm，基部圆形急尖，顶端圆钝突尖或短尾尖，叶色翠绿有光泽。花序开放于枝条中部，花序梗红褐色，多次分枝；花苞小，卵形，红紫色至暗紫色，苞叶初呈白色，后为浅妆粉红色，有时逆变为红色；雄蕊及花萼退化呈苞片状，重苞，花谢后花苞宿存，花被管消失。反复盛开，盛花期10月至翌年2月。

粉色组

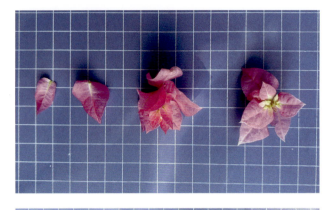

'花叶米罗'簕杜鹃

别　名：无
学　名：*Bougainvillea* × *buttiana* 'Hua Ye Mi Luo'
英文名：无

品种起源

不详。

形态特征

形态性状同'米罗'簕杜鹃 *B.* × *buttiana* 'Milo'，不同之处在于叶片边缘白色，沙斑状。

'米罗'簕杜鹃

别　名：无
学　名：*Bougainvillea* × *buttiana* 'Milo'
英文名：无

粉色组

品种起源

不详。

形态特征

藤状灌木，生长势较慢，株型稳定而紧凑。新枝绿色。刺长 1.0~1.5 cm，直立，绿色。叶厚纸质，叶片短卵形，基部圆形，先端急尖，叶片长达 3.0~3.5 cm，宽达 3.0 cm，叶面平整，暗绿色。花着生于整个枝条，花序梗绿色；单苞，或 2~3 苞聚集，苞片卵形，直立，长 4.0 cm，宽 3.0 cm，幼时淡粉色，盛开粉红色，成熟时锈红色；花被管紫褐色，长 1.5 cm，缢缩；星花白色。

第五章　江门簕杜鹃主要品种

'暗斑宫粉'簕杜鹃

别　名：'彩虹粉'
学　名：*Bougainvillea* × *buttiana* 'Rainbow Pink'
英文名：无

品种起源

不详。

形态特征

藤状灌木，斑叶品种，生长缓慢。嫩枝浅黄绿色，成熟枝颜色变深。刺长 0.6~3.0 cm，直立或顶端略弯。叶纸质，叶缘皱卷呈波状，阔卵形，长 5.5 cm，宽 4.5 cm，基部近楔形，顶部短渐尖或急尖，无毛，嫩叶黄绿色，成熟叶绿色，叶面中央有暗斑。花序着生于枝条顶端或上部，花序梗绿色；苞片阔卵形，稍扭曲，基部心形，顶部圆钝具急尖，长 4.0 cm，宽 3.0 cm，新苞亮粉色，后期转粉紫色；花被管长约 2.0 cm，花被管纤细、橙红色；星花白色，不明显。反复开花。

粉色组

粉色组

'太阳舞'簕杜鹃

别　　名：'暗斑夕阳红''暗斑西洋红''暗夕'
学　　名：*Bougainvillea* × *buttiana* 'Sundance'
英文名：无

品种起源

不详。

形态特征

藤状灌木，枝条下垂习性，生长旺盛，植株浓密。嫩枝浅粉色，老枝褐色，有白色条纹。刺中等，直立或顶端略弯。叶片近卵形，顶端急尖，叶基阔楔形，叶绿色，有暗斑，叶面有微柔毛，叶背被毛或光滑。花序分布枝条上部或顶端，花序轴粉红色，二回以上分枝；苞片椭圆形，基部心形，顶部圆钝有突尖，长 4.2 cm，宽 3.1 cm；新苞片橙红色，转胭脂红色至粉红色；花被管长 1.5~2.0 cm，深红色，被微柔毛，下半部略膨大，中部稍缢缩；星花细小呈奶白色。常年开花，花谢后不宿存。

粉色组

第五章 江门簕杜鹃主要品种

'热带花束'簕杜鹃

别　名：'热带花木'
学　名：*Bougainvillea* × *buttiana* 'Tropical Bouquet'
英文名：无

品种起源

1988年，由美国亚拉巴马州莫比尔市 Hatten 苗圃公司的老板 William A. Hatten 培育和发布。

形态特征

藤状灌木。枝条下垂习性，侧枝不发达，幼枝浅绿色，被毛，老枝褐色。刺长 0.6~1.2 cm，直立，浅绿略带红。叶近卵形或卵圆形，基部圆形，顶部圆钝，突尖或短渐尖，无毛，长 2~7.5 cm，宽 1.5~5.5 cm，深绿色。1/2 枝条着花；苞片圆形或卵圆形，稍扭曲，基部心形，顶部圆钝，长 1.0~3.5 cm，宽 1.2~2.8 cm，早期砖红色，后期粉紫色花；花被管长 0.5~1.9 cm，浅红色，下部稍膨大，中部稍缢缩；星花淡黄色；雄蕊伸出花被管。

粉色组

粉色组

第五章 江门簕杜鹃主要品种

'维拉粉'簕杜鹃

别　名：'比芭''比芭娃娃'
学　名：*Bougainvillea* × *buttiana* 'Vera Pink'
英文名：'Josephine Beba'

粉色组

品种起源

不详。

形态特征

　　直立灌木，生长旺盛。嫩枝紫褐色，成熟枝颜色变深呈褐色。节密集，刺长0.4~1.0 cm，直立或顶端略弯，有毛，老刺光滑。叶绿色，密集螺旋状排列，厚纸质，卵状披针形，长7.5~8.5 cm，宽4.5~5.5 cm，基部楔形，顶端短渐尖。花着生于枝条顶端或上部，密集，花序梗红褐色，一至二回以上分枝；苞片近直立，长卵形，基部圆形至浅心形，顶端急尖，长4.0 cm，宽3.5 cm，无毛，较平整，新苞浅粉色，成熟苞片亮粉红色，浅色叶脉明显；花被管长1.5~2.0 cm，浅褐色；星花白色；雄蕊内藏。

江门地区勒杜鹃品种与应用

粉色组

— 120 —

'暗斑中国丽人'簕杜鹃

别　　名：无
学　　名：*Bougainvillea* × *buttiana* 'An Ban Zhong Guo Li Ren'
英文名：无

品种起源

不详。

形态特征

形态性状同'中国丽人'簕杜鹃 *B.* × *buttiana* 'China Beauty'，不同之处在于叶片具有暗斑，叶边缘无黄色边。

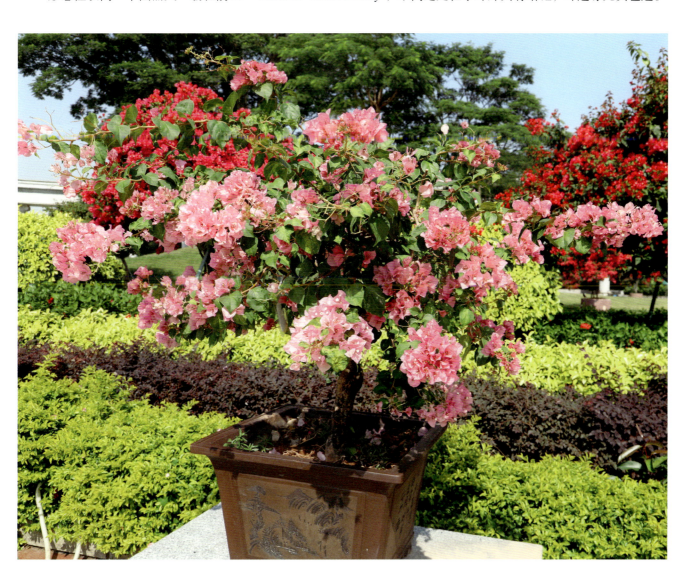

粉色组

第五章　江门簕杜鹃主要品种

'粉雀'簕杜鹃

别　　名：'软枝粉''小粉雀''炮仗粉'
学　　名：*Bougainvillea* × *spectoglabra* 'Chili Purple'
英文名：'Firecracker Purple'

粉色组

品种起源

不详。

形态特征

藤状灌木。枝条下垂。刺长 0.2~0.6 cm，直立或顶端略弯，嫩刺红褐色，有毛，老刺光滑。叶纸质，叶面微皱，长椭圆状卵形，长 5.0 cm，宽 3.0 cm，基部楔形，顶端短渐尖，绿色。花着生于枝条顶端或上部，花序梗浅橙红色；苞片椭圆形，长 3.0 cm，宽 2.0 cm，基部圆形或浅心形，顶部急尖，粉色偏紫；花被管长约 1.5 cm，绿色至粉红色，无毛或微柔毛，星花白色，显著；雄蕊伸出外露。花期 6~12 月。

粉色组

'顽皮'簕杜鹃

别　名：'软枝粉''小粉雀''炮仗粉'
学　名：*Bougainvillea* × *spectoperuviana* 'Mischief'
英文名：无

粉色组

品种起源

不详。

形态特征

藤状灌木，生长旺盛。新芽幼叶颜色较浅，嫩枝绿色，成熟枝褐色。刺长 0.5~1.0 cm，直立。叶厚纸质，长 7.0~10 cm，宽 5.0~6.0 cm，叶片卵形，基部阔楔形至圆形，叶尖渐尖、急尖，深绿色。花着生于整个枝条或中上部，花序梗粉色；苞片近椭圆形，基部心形，顶端圆钝突尖，长 2.5 cm，宽 2.0 cm；苞片鲑鱼色，转粉色至偏紫的粉色；花被管长约 1.4 cm，与苞片同色或更浅色的黄绿色，花管中部稍缢缩；星花白色；雄蕊内藏管口，可见。

'沙斑新加坡粉'簕杜鹃

别　　名：无
学　　名：*Bougainvillea glabra* 'Sha Ban Xin Jia Po Fen'
英文名：无

粉色组

品种起源

不详。

形态特征

叶片呈黄色，沙斑密布，花序着生于枝条中上部，苞片粉色偏紫，表面呈泡状凹凸。

'戴维巴里博士'簕杜鹃

别　　名：'新加坡丽人''新加坡大宫粉'
学　　名：*Bougainvillea glabra* 'Dr. David Barry'
英文名：'Singapore Beauty'

品种起源

不详。

形态特征

藤状灌木，生长旺盛。新枝绿色，枝条直立生长。刺中等大小，无毛，刺长 0.6~2.0 cm，直立或顶端略弯，嫩刺绿色，有毛，老刺光滑。叶呈长椭圆形，基部楔形，顶部长渐尖，叶大，长 8.0~12.0 cm，宽 4.0~6.0 cm，常向内卷，绿色，新叶浅绿色，无毛，老叶亮绿色。花序开放于枝末端，干苞宿存；苞片椭圆形，基部圆形，顶部渐尖，长可至 7.0 cm，宽 3.0~4.0 cm，呈紫色至淡紫色，不同季节、不同种植条件下苞片的颜色深浅会有所不同；花被管绿色或粉红绿色，长约 2.8 cm，中部缢缩，无毛或微柔毛；星花黄绿色；雄蕊不伸出花被管。干旱季节开花，花量大，枝尖着花。不耐寒。

'斑叶丽娜'簕杜鹃

别　　名：'斑叶雪樱'
学　　名：*Bougainvillea glabra* 'John Lettin Variegata'
英文名：无

品种起源

来自'丽娜'簕杜鹃 *B. glabra* 'John Lettin' 芽变。

形态特征

蔓性灌木，长势较旺盛。新芽及幼叶黄绿色。嫩枝绿色，有短毛，成熟枝灰色。刺长 0.4~1.0 cm，顶端微弯，嫩刺有毛，老刺光滑，黄色。叶纸质，叶片椭圆形，长 4.0~4.5 cm，宽 3~3.5 cm；基部宽楔形或圆形，叶尖渐尖或尾尖，叶片中部绿色，边缘具黄色阔边，二者间有灰色小斑块，新叶黄边明显，成熟叶有所淡化。花着生于枝条顶端或上部，花序梗绿色；苞片上部外翻，卵形，基部心形，顶端急尖，长 4.0 cm，宽 2.5 cm；苞片质薄，叶脉清晰，白色苞片上布满不均匀的紫斑，总体显示浅粉紫色；花被管长约 1.6 cm，黄绿色，花被管中部缢缩，下部膨大，有短毛；星花黄绿色；雄蕊内藏管口，可见。

粉色组

第五章 江门簕杜鹃主要品种

'卡亚塔'簕杜鹃

别　名：无
学　名：*Bougainvillea spectabilis* 'Kayata'
英文名：无

品种起源

种子培育品种，亲本不详，起源于非洲肯尼亚。

形态特征

藤状灌木，生长势一般。刺较细，中等长 0.8~2.0 cm，微弯。新芽有毛，顶芽暗红色。新茎有毛，幼茎绿色或浅褐色，老茎深褐色。叶片椭圆形，深绿色，长 2.5~3.0 cm，宽 2.0~2.5 cm，基部圆楔形，顶端急尖，叶有毛。枝中部和上部着花；苞片椭圆形，长 2.0~2.5 cm，宽 2.0 cm，基部圆形，顶部急尖，新苞片、老苞片均为玫红色，老苞片颜色更浅；花被管细，长 2.0~2.5 cm，底部膨胀，中部微缩，绿色，有红褐色晕，有毛；星花白色带绿晕，醒目。

第五章 江门簕杜鹃主要品种

第三节 橙色组

'橙灯笼'簕杜鹃

别　名：无
学　名：*Bougainvillea* 'Orange Latern'
英文名：无

品种起源

不详。

形态特征

形态性状与'红灯笼'簕杜鹃相近，区别在于'橙灯笼'簕杜鹃 *B.* 'Red Latern'的新苞为橙色，成熟苞片变为粉色偏紫。

'橙蝶'簕杜鹃

别　　名：'拉塔拉橙''橙蝶三角梅''橙蝴蝶'
学　　名：*Bougainvillea* 'Ratana Orange'
英文名：'Orange Butterfly'

品种起源

1980年源于泰国，人工辐射诱变培育而成。

形态特征

生长缓慢。嫩枝绿色，成熟枝颜色变深。刺长0.5~1.5 cm，直立或顶端略弯，嫩刺绿色，有毛，老刺光滑。斑叶品种，叶纸质，中等大小，叶片形状不规则，椭圆形、卵状披针形，边缘波状，基部阔楔形，羽状脉，中间绿色，叶缘周边有浅黄色金边，叶片上有白霜，新叶周边为铜红色。苞片条状，形状奇异，鲜橙色；花被管长约2.0 cm，中部稍缢缩，橙色；星花白色；雄蕊内藏管口之下，少见。

第五章 江门簕杜鹃主要品种

橙色组

'麦克林夫人'簕杜鹃

别　　名：'晚霞''余辉''绿叶橙''橙红'
学　　名：*Bougainvillea* × *buttiana* 'Mrs. Mc Clean'
英文名：无

橙色组

品种起源
来自'巴特夫人'簕杜鹃的芽变。

形态特征
藤状灌木，生长势较旺盛．嫩枝绿色，成熟枝颜色变深。刺长 0.5~2.0 cm，直立或顶端略弯，绿色，有毛，老刺光滑。叶纸质，中等大小，阔卵形，绿色，无毛，基部圆形，顶端短尖。花着生于枝条顶端或上部，花序梗橙黄色，常二回以上分枝；苞片圆形，长 3.5 cm，宽 2.8 cm，基部心形，顶端圆钝突尖，新苞片黄橙色，成熟时为橙红色变浅玫瑰色，常常出现返祖的红色花苞；花被管长约 1.7 cm，花被管中部缢缩，红褐色，无毛或微柔毛；雄蕊伸出外露。花期 4~11 月。

第五章　江门簕杜鹃主要品种

橙色组

'橙色嘉年华'簕杜鹃

别　名：'宝老橙''大花橙''大花橙粉'
学　名：*Bougainvillea* × *buttiana* 'Orange Fiesta'
英文名：无

品种起源

不详。

形态特征

直立松散灌木，生长旺盛。新茎紫红色，嫩茎上有黄绿相间条纹。新芽铜红色。刺短直，嫩刺粉色或绿色，有毛，老刺光滑。叶片较大，质地厚，阔圆卵形，顶端短渐尖，叶基圆形、截形，偶阔楔形，暗绿色，新叶铜色，短茸毛。花量大，整个枝条均有花序；苞梗较长，二回以上分枝，褐色；苞片圆形，基部近心形，顶端圆钝突尖，长 4.0 cm，宽 4.0 cm，新苞片亮橙色，老苞片颜色橙粉色；花被管长约 2.0 cm，与苞片同色，稍暗，被微柔毛，下半部略膨大，中部微缩，无毛或微柔毛；星花显著，白色。

第五章 江门簕杜鹃主要品种

橙色组

'橙冰'簕杜鹃

别　名：'金斑橙'
学　名：*Bougainvillea* × *buttiana* 'Orange Ice'
英文名：无

品种起源

不详。

形态特征

藤状灌木，斑叶品种，生长缓慢。嫩枝浅黄绿色，成熟枝颜色变深。刺长 0.6~3.0 cm，直立或顶端略弯，嫩刺浅黄绿色，有毛，老刺光滑。叶纸质，叶缘皱卷呈波状，阔卵形，长 5.5 cm，宽 4.5 cm，基部近圆形，顶部短渐尖或急尖，无毛，嫩叶红褐色，成熟叶绿色，叶缘周边有金黄色不规则斑块，2 种色块之间具灰色小斑块，灰色小斑块叶镶嵌在绿色斑块之内，新叶周边为铜色，常出现白化枝。花序着生于枝条顶端或上部，花序梗绿色；苞片椭圆形，基部心形，顶部圆钝具突尖，长 4.0 cm，宽 3.0 cm，新苞亮橙色，后期转粉橙色；花被管长约 2.0 cm，花被管纤细、橙红色；星花白色，不明显。反复开花。

第五章 江门簕杜鹃主要品种

橙色组

'罗斯维尔喜悦'簕杜鹃

别　　名：'黄锦''多纳罗西塔的喜悦''重瓣橙''多布隆'
　　　　　'金色多布隆''马哈拉橙''塔希提金''泰金'
学　　名：*Bougainvillea* × *buttiana* 'Roseville's Delight'
英文名：'Dona Rosta delight' 'Double Orange' 'Doubloon' 'Golden Doubloon' 'Golden Glory' 'Mahara Orange' 'Tahitian Gold' 'Thai Gold'

橙色组

品种起源

本品种来自'马哈拉'簕杜鹃的橙色重瓣芽变。也有人认为起源于'麦克林夫人'簕杜鹃（Datta，2017）。

形态特征

藤状灌木，长势较旺盛。新枝浅红褐色，成熟枝颜色变深。刺小，无毛，弯曲，刺长 0.5~2.0 cm，直立或顶端略弯，新刺红褐色，有毛，老刺颜色变深。叶深绿色，无毛，中等大小，阔卵形或卵圆形，长 6.0 cm，宽 5.0 cm，基部圆形，顶端短尖。花序着生枝条顶端至中部，密集；苞片卵形，多数重瓣型，20~40 个，呈聚伞花序，花苞小，新苞片橙红色，逐渐变为粉色，花开后期褪为带洋红色的粉色，宿存时褐色；雄蕊及花萼退化呈苞片状；无花被管；苞片凋谢时宿存。花期 4~12 月。

第五章　江门簕杜鹃主要品种

橙色组

'日落'簕杜鹃

别　　名：无
学　　名：*Bougainvillea × buttiana* 'Sunset'
英文名：无

品种起源

不详。

形态特征

生长旺盛，植株浓密。枝条下垂，嫩枝浅黄色，老枝褐色，有白色条纹。刺中等，直立或顶端略弯。叶片近卵形，顶端短渐尖，叶基楔形，叶绿色，叶背有暗斑，叶面有黄色不规则斑块和斑点。花序分布枝条上部或顶端，花序轴粉红色，二回以上分枝；苞片椭圆形，不平整，基部心形，顶部圆钝，长 4.0 cm，宽 3.0 cm；新苞片深橙红色，老叶转橙红色；花被管长 1.5~2.0 cm，深红色，下半部略膨大，中部稍缢缩；星花细小呈奶白色。

第五章 江门簕杜鹃主要品种

橙色组

'暗黑天使'簕杜鹃

别　　名：无
学　　名：*Bougainvillea* × *buttiana* 'An Hei Tian Shi'
英文名：无

品种起源

不详。

形态特征

藤状灌木。嫩枝淡黄色，成熟枝褐色。叶绿色，纸质，阔卵形，基部楔形，顶端短尖。花着生于枝条上部和顶端，常二回分枝；苞片阔卵形，橙色。

橙色组

第五章　江门簕杜鹃主要品种

'橙雀'簕杜鹃

别　　名：'软枝橙''小橙雀''炮仗橙'
学　　名：*Bougainvillea* × *spectoglabra* 'Chili Orange'
英文名：'Firecracker Orange'

品种起源

不详。

形态特征

小型藤状灌木。枝条柔软下垂。刺长 0.2~0.6 cm，直立或顶端略弯，嫩刺红褐色，老刺光滑。叶纸质，微皱，长椭圆状卵形，长 5.0 cm，宽 3.0 cm，基部楔形，顶端短渐尖，绿色。花着生于枝条顶端或上部，花序梗浅橙红色；苞片椭圆形，长 3.0 cm，宽 2.0 cm，基部圆形或浅心形，顶部急尖，橙色；花被管长约 1.5 cm，橙红色，无毛或微柔毛，星花粉红、白色相间，显著；雄蕊伸出外露。花期 6~12 月。

橙色组

江门地区筋杜鹃品种与应用

橙色组

第五章 江门簕杜鹃主要品种

'卡苏米'簕杜鹃

别　名：'塔橙'
学　名：*Bougainvillea × spectoglabra* 'Kasumi'
英文名：Pixie Orange

品种起源

不详。

形态特征

小型矮种紧凑型灌木，直立，生长较旺盛。新芽、幼叶铜红色。嫩枝绿色，成熟枝褐色。刺短直、绿色、光滑。叶纸质，密集，叶柄短，叶片椭圆形或卵形，长 2.5 cm，宽 1.8 cm，基部圆形，叶尖短渐尖或渐尖，叶绿色。花着生于枝条上部叶腋，密集，花序梗粉色；苞片小，长 1.5 cm，宽 1.0 cm，卵形，基部圆形，顶端急尖或尾尖；苞片橙色；花被管中部稍缢缩，橙色；星花白色与粉色相间；雄蕊内藏管口，可见。

橙色组

— 149 —

'沙斑塔橙'簕杜鹃

别　　名：'小精灵'
学　　名：*Bougainvillea* × *spectoglabra* 'Pixie Orange Variegata'
英文名：无

品种起源

芽变自'卡苏米'簕杜鹃 *B.* × *spectoglabra* 'Kasumi'。

形态特征

小型矮种紧凑型灌木，直立，生长较旺盛。新芽、幼叶铜红色。嫩枝绿色，成熟枝褐色。刺长 0.5~0.8 cm，直，绿色，光滑。叶片纸质，密集，卵形，叶柄短，长 2.5 cm，宽 1.5 cm，基部圆形，叶尖短渐尖，叶缘具有黄色宽边，在黄色区域溅射绿色斑点，中部绿色。花着生于枝条上部叶腋，密集，花序梗粉色；苞片小，长 1.5 cm，宽 1.0 cm，卵形，基部圆形，顶短急尖或尾尖；苞片橙色；花被管中部稍缢缩，橙色；星花白色，小；雄蕊内藏管口，可见。

第五章 江门簕杜鹃主要品种

橙色组

'火宝石'簕杜鹃

别　　名：'橙桑巴'
学　　名：*Bougainvillea spectabilis* 'Fire Opal'
英文名：无

品种起源

不详。

形态特征

藤状灌木，生长势中等。刺较细，中等长 0.8~2.0 cm，微弯。顶芽暗红色。幼茎亮橙色或淡红色。叶片狭卵状披针形，绿色，长 7.5 cm，宽 4.3 cm，基部圆楔形，顶端渐尖，叶背被毛或光滑。枝中部和上部着花，花量大；苞片卵形，长 4.0 cm，宽 2.5 cm，基部圆形，顶部短渐尖，新苞片、老苞片均为橙色，苞脉暗色且明显；花被管细，1.5~2.0 cm，底部膨胀，中部微缩，红褐色；星花橙色或白色、橙色相间，醒目。

第五章　江门簕杜鹃主要品种

橙色组

第四节 紫色组

'紫尾巴'簕杜鹃

别　　名：'紫狐狸'
学　　名：*Bougainvillea* 'Purple Tail'
英文名：无

品种起源

不详。

形态特征

主要形态性状与'粉尾巴'簕杜鹃基本相近，不同之处在于苞片紫色，花朵比较疏散地聚集在枝条上部。

'马来西亚英达'簕杜鹃

别　　名：无
学　　名：*Bougainvillea glabra* 'Inda'
英文名：无

品种起源

不详。

形态特征

藤状灌木，长势一般。叶片椭圆状，基部短楔形，顶部急尖，叶面细密沙斑，部分连成一片呈白色团块。花序着生枝顶，常一回分枝，苞片卵状披针形，基部浅心形，顶部斜急尖；花被管紫色，下部膨大，真花白色。

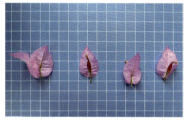

'塔紫蝶'簕杜鹃

别　　名：无
学　　名：*Bougainvillea* × *spectoglabra* 'Ta Zi Die'
英文名：'细叶蝶'

品种起源

在泰国发现，由'塔紫'簕杜鹃（'小精灵'）*B.* × *spectoglabra* 'Pixie' 变异蝶化而来。

形态特征

非常特别的一个簕杜鹃品种，叶片细长如柳叶，基部楔形，顶部长渐尖。苞片细长呈条形，两端渐尖，紫色。

紫色组

'小精灵'簕杜鹃

别　　名：'粉色小精灵''夏威夷火炬''塔紫''聪明库'
学　　名：*Bougainvillea* × *spectoglabra* 'Pixie'
英文名：'Hawaiian Torch''Smartipants'' Pink Pixie'

品种起源

来自杂交后代选育而成（陈涛，2008）。

形态特征

小型矮种紧凑型灌木，直立，生长旺盛。新芽、幼叶浅铜色。嫩枝绿色，成熟枝褐色。刺短粗而硬直，粉色，光滑。叶片纸质，密集，椭圆形或卵形，叶柄短，长2.0 cm，宽1.8 cm，基部圆形，顶部突尖或短渐尖，绿色。花着生于枝条上部叶腋，密集，花序梗绿色；苞片小，卵形，基部圆形，顶端急尖或短渐尖，长1.5 cm，宽1.2 cm，紫色；花被管中部稍缢缩，橙色；星花白色，小，雄蕊内藏管口，可见。四季开花。

第五章 江门簕杜鹃主要品种

'亮叶紫'簕杜鹃

别　名：'桑德瑞拉'
学　名：*Bougainvillea* × spectoglabra 'Sanderiana'
英文名：无

品种起源

1894年，M/S F. Sanders有限公司在伦敦圣奥尔本斯发布。

形态特征

半直立藤状灌木，紧凑型，生长旺盛。刺小，无毛，刺长0.6~1.9 cm，直立或顶端略弯。嫩刺有毛，绿色，老刺光滑。叶片椭圆形，偶披针形，长宽比为2∶1，长4.0~6.0 cm，宽2.0~3.0 cm，暗绿色，无毛。花序开放于枝末端，花序梗绿色；苞片卵形，基部圆形，急尖，中等大小，紫色至淡紫色；花被管长约1.4 cm，绿色带紫晕，略肿胀；星花显黄色，真花凋谢后花被管口关闭并扭曲；雄蕊位于花被管口处外露。易扦插繁殖，耐修剪。耐寒性强，适合作嫁接砧木。

'苹果花'簕杜鹃

别　　名：无
学　　名：*Bougainvillea glabra* 'Apple Bolossum'
英文名：无

品种起源

不详。

形态特征

叶片椭圆形，绿色。花序着生枝条上部，苞片粉色偏紫，花被管黄绿色，下面膨大；星花黄绿色。

'沙斑安格斯'簕杜鹃

别　　名：'沙斑叶紫''梦幻伊丽莎白安格斯'
学　　名：*Bougainvillea glabra* 'Elizabeth Angus Fantasy'
英文名：无

品种起源

芽变自'安格斯'簕杜鹃 *B. glabra* 'Elizabeth Angus'。

形态特征

藤状灌木，长势旺盛。新芽及幼叶黄绿色。嫩枝绿色，成熟枝褐色。刺长 0.4~1.6 cm，直立或顶端略弯，嫩刺有毛，老刺光滑。叶厚纸质，叶片长椭圆形，长 5.0~5.5 cm，宽 3.0~3.5 cm，最大长至 7.4 cm，宽至 4.1 cm；基部楔形，叶尖短渐尖，深绿色，新叶上有黄绿色的溅射状斑点或斑块，随着叶片成熟不断淡化。花序着生于枝条中上部，花序梗绿；苞片紫色，上部外翻，椭圆形或长卵形，基部圆形，顶端急尖，长 3.3 cm，宽 2.5 cm；花被管长约 2.0 cm，紫色，花管中部缢缩，下部膨大；星花黄绿色，后变白色；雄蕊内藏管口，可见。

第五章　江门簕杜鹃主要品种

紫色组

'金边安格斯'簕杜鹃

别　　名：'斑叶安格斯''超级安格斯'
学　　名：*Bougainvillea glabra* 'Elizabeth Angus Variegata'
英文名：'Angus Supreme'

品种起源

芽变自'安格斯'簕杜鹃。

形态特征

藤状灌木，生长势一般。嫩枝绿色，被毛，老枝褐色。刺长 0.3~1.5 cm，顶端略弯。叶纸质，椭圆形，长约 8.9 cm，宽约 4.1 cm，基部楔形，顶部渐尖，边缘有不规则的黄色斑块，也有黄色冰枝。花序着生枝条上部，苞片紫色，椭圆形，基部心形，顶端急尖，长 3.5~4.4 cm，宽 2.9~4.1 cm；花被管淡绿色，长约 2.5 cm。

第五章 江门簕杜鹃主要品种

紫色组

'安格斯'簕杜鹃

别　　名：'大花深紫''伊丽莎白安格斯''云南大叶紫''考爱岛皇家'
学　　名：*Bougainvillea glabra* 'Elizabeth Angus'
英文名：'Kauai Royal'

品种起源

杂交后代选育而成的品种，亲本不详。源于肯尼亚，年份不详（Singh et al., 1999）。

形态特征

藤状灌木，生长旺盛。嫩枝绿色，有毛，成熟枝褐色，光滑。刺长 0.3~1.8 cm，直立或顶端略弯，新刺浅红褐色，有毛，老刺颜色变深，有毛或光滑。叶大，椭圆形至卵形，长 9.0 cm，宽 4.5 cm，基部楔形至阔楔形，顶端渐尖，质地较厚，光亮无毛，呈绿色；有 3 种叶，徒长枝的叶较大，正常枝条叶片中等，徒长枝腋芽偶尔萌发，短枝叶片密集而小。整个枝条均有花序，花序梗绿色；花苞中等，椭圆形，基部心形，顶端急尖，稍微扭曲，苞片紫色；花被管长约 2.0 cm，细小，中部缢缩，被毛，与苞片同色；星花黄绿色，显著；雄蕊 8 枚。常年开花。优秀的栽培品种。

第五章　江门簕杜鹃主要品种

紫色组

'伊薇塔'簕杜鹃

别　名：'斑叶伊娃浅紫''银边浅紫'
学　名：*Bougainvillea glabra* 'Evita'
英文名：'Mrs Eva Mauve Variegata'

品种起源

芽变自'伊娃夫人'簕杜鹃。

形态特征

藤状灌木，长势中等，植株矮小。幼枝绿色，后颜色变深为褐色。刺长 0.5~1.5 cm，直立或顶端略弯，嫩刺被白色斑点，有毛，成熟刺斑点变深，光滑。叶纸质，长椭圆形，长 7.0 cm，宽 3.0 cm，基部楔形，顶部渐尖；叶片的边缘为不规则的白色斑块，中部绿色。花着生于枝条顶端，花序梗绿色；苞片浅紫色，长椭圆形或卵状椭圆形，长 6.0 cm，宽 3.0 cm，基部浅心形，顶端急尖，边缘起皱或正常；花被管长约 2.1 cm，颜色与苞片相近，基部膨大；星花黄绿色。开花勤，花期较长，着花密集，是优秀的家庭栽培品种。

第五章　江门簕杜鹃主要品种

紫色组

'金龙'簕杜鹃

别　名：'斑叶伊娃浅紫 II' '金边浅紫'
学　名：*Bougainvillea glabra* 'Golden Dragon'
英文名：'Mrs. Eva Mauve Variegata II'

品种起源

芽变于'银边白花'簕杜鹃 *B. glabra* 'Mrs. Eva White Variegata'。

形态特征

蔓性灌木，长势较旺盛。新芽及幼叶金黄色。嫩枝绿色，有短毛，成熟枝灰色。刺长 0.4~1.0 cm，顶端微弯，嫩刺有毛，老刺光滑。叶纸质，叶片椭圆形，长 4.0~4.5 cm，宽 3.0~3.5 cm；基部宽楔形或圆形，叶尖急尖，叶片中部绿色，边缘具黄色边，二者间有灰色小斑块，新叶、成熟叶黄边均明显、鲜艳。花着生于枝条顶端或上部，花序梗绿色；苞片上部外翻，卵形，基部心形，顶端急尖，长 3.5 cm，宽 2.1 cm；苞片粉紫色；花被管长约 1.6 cm，黄绿色，花被管中部缢缩，下部膨大，有短毛；星花黄绿色；雄蕊内藏管口，可见。

第五章 江门簕杜鹃主要品种

紫色组

'茄色'簕杜鹃

别　名：'大叶茄色''浅茄''梦境'
学　名：*Bougainvillea glabra* 'Mariel Fitzpatrick'
英文名：'Dream'

品种起源

来源于非洲肯尼亚内罗毕。

形态特征

灌木状，生长势较强。嫩枝绿色，老枝颜色变深，枝上具褐色斑点。刺中等大小，倒弯，刺长 0.6~2.0 cm，直立或顶端略弯，绿色，有毛，老刺光滑。叶片椭圆形，长 9.0 cm，宽 5.5 cm，基部楔形，顶端渐尖，暗绿色，无毛。花着生于枝条顶端或上部，花序梗绿色，苞片淡紫色，椭圆形，长 4.8 cm，宽 3.0 cm，基部圆形，顶端圆钝突尖，边缘褶有反卷，苞片背面主脉下部绿色；花被管长约 2.0 cm，褐色、黄绿色；星花细小呈淡黄色与浅绿色；雄蕊伸出或内藏。反复开花，花期长，花量大。花苞宿存。

第五章　江门簕杜鹃主要品种

紫色组

'伊娃浅紫'簕杜鹃

别　　名：'伊娃夫人'
学　　名：*Bougainvillea glabra* 'Mrs. Eva'
英文名：'Mrs. Eva Mauve'

品种起源

不详。

形态特征

植株矮小，蔓性灌木，长势中等。新芽及幼叶黄绿色。新枝黄色带有褐色斑点，有短毛，成熟枝条黄色。刺长 0.8~1.5 cm，直立或顶端略弯，嫩刺黄色，有毛，老刺光滑，颜色变深。叶纸质，椭圆形，长 4.0~5.5 cm，宽 2.5~3.0 cm；基部宽楔形或圆形，叶急尖或短渐尖，叶片绿色。花着生于枝条顶端或上部，花序梗黄绿色；苞片上部稍外翻，卵形，基部心形，顶端急尖，长 3.5 cm，宽 2.5 cm；苞片浅紫色；花被管长约 2.0 cm，与苞片同色，较深，花管中部缢缩，下部膨大，有短毛；星花黄绿色；雄蕊内藏管口，可见。开花勤、着花密集，是理想的家庭园艺品种。

第五章　江门簕杜鹃主要品种

紫色组

'总统大花紫'簕杜鹃

别　　名：'罗斯福总统'
学　　名：*Bougainvillea glabra* 'President'
英文名：'President Roosevelt'

紫色组

品种起源

1966年发布于印度勒克瑙（Lucknow）。

形态特征

叶片椭圆形，具长渐尖，绿色。花序着生枝条中上部，苞片近椭圆形，深紫色；花被管暗紫色，下面膨大。

'圣保罗'簕杜鹃

别　　名：'小叶紫'
学　　名：*Bougainvillea glabra* 'Sao Paulo'
英 文 名：无

品种起源

不详。

形态特征

植株藤状灌木，生长旺盛，密集灌木状。幼芽黄绿色。幼枝绿色，后变褐色，有短毛。徒长枝刺大，强壮而倒弯。叶椭圆形，长4.0 cm，宽2.5 cm，基部楔形或阔楔形，顶部尾尖或短渐尖，叶片有光泽，深绿色。花序分布在整个枝条，苞叶质地薄，椭圆形，长3.0 cm，宽2.0 cm，基部浅心形，顶端圆钝突尖，苞片上部外翻，艳红紫色；花被管与苞片同色，颜色更深，基部膨大，中部缢缩，星花显著，乳白色；雄蕊8枚，露出管口。本品种在珠江三角洲地区全年多次开花，为光簕杜鹃最常见的栽培品种，华南地区天桥绿化常见品种。

紫色组

'紫灯笼'簕杜鹃

别　　名：圣保罗紫灯笼
学　　名：*Bougainvillea glabra* 'Zi Deng Long'
英文名：无

品种起源
不详。

形态特征
植株总体形态近于'圣保罗'簕杜鹃 *B. glabra* 'Sao Paulo'，一级花序的3片紫色苞片内凹，不张开，组合呈灯笼状外观。

'黄金叶'簕杜鹃

别　名：'甜梦'
学　名：*Bougainvillea glabra* 'Sweet Dream'
英文名：无

品种起源

不详。

形态特征

藤状灌木，长势一般。嫩枝淡黄绿色，老枝颜色变深，几乎无刺。叶纸质，较小，椭圆形，长 4.5 cm，宽 3.5 cm，基部楔形或阔楔形，顶端尾尖或渐尖，叶面中部绿色，外侧具黄色宽边，嫩叶金黄色。花着生于枝条顶端或上部；苞片紫色，狭椭圆形，基部圆形，顶端渐尖，长 3.0 cm，宽 1.9 cm；花被管长约 1.6 cm，红褐色；雄蕊伸出外露。本品种花期较长，为观叶观花品种。

第五章 江门簕杜鹃主要品种

紫色组

'斑叶'簕杜鹃

别　　名：'哭泣美人'
学　　名：*Bougainvillea glabra* 'Variegata'
英文名：'P J Weeping Beauty'

品种起源

光簕杜鹃的芽变品种，源于肯尼亚，年份不详。

形态特征

紧凑直立灌木型。枝条软，长势慢，嫩枝褐色，成熟枝颜色变深。刺细小，刺长 0.2~1.5 cm，直立或顶端略弯，嫩刺褐色，有毛，老刺光滑。叶片小，椭圆形，长 5.0 cm，宽 3.0 cm，基部楔形，顶部短渐尖，叶节密，叶片中间为翠绿色，周边为奶油色，新叶边缘带点粉红色，少数枝叶全黄色。花序着生于枝条顶端或上部，花序梗浅红褐色；苞片卵形，深紫色；花被管长约 1.6 cm，基部膨大，中部缢缩，浅紫色；星花白色；雄蕊伸出或内藏。花期 4~12 月。

第五章 江门簕杜鹃主要品种

紫色组

第五节 黄色组

'黄灯笼'簕杜鹃

别　　名：无
学　　名：*Bougainvillea* 'Yellow Latern'
英文名：无

品种起源

不详。

形态特征

形态性状与'红灯笼'簕杜鹃相近，区别在于'黄灯笼'簕杜鹃的新苞为淡黄色和成熟苞片变为黄色。

'加州黄金'簕杜鹃

别　名：'金'
学　名：*Bougainvillea* × *buttiana* 'California Gold'
英文名：无

品种起源

芽变自'红湖'簕杜鹃。1943年，美国加利福尼亚州洛杉矶的J. S. Kirkland在自己家中的花园里培育和发现了该芽变品种，1948年申请美国植物专利，1950年获批，专利号为PP931。该专利可能是最早的簕杜鹃专利。

形态特征

直立灌木，生长旺盛。嫩枝红褐色，成熟枝颜色变深，有纵向条纹。刺长 0.4~1.5 cm，直立或顶端略弯，嫩刺绿色、有毛，老刺褐色、光滑。叶绿色，纸质，卵形，长 6.9 cm，宽 5.5 cm，基部圆形急尖，顶端短尖。花着生于枝条顶端或上部，密集，花序梗红褐色，二回以上分枝；苞片圆形，基部心形，顶端圆钝突尖，长 3.5 cm，宽 3.0 cm，无毛，稍扭曲，新苞橙色，转橙黄色；花被管长约 1.5 cm，橙红色；星花白色；雄蕊内藏或伸出。

第五章 江门簕杜鹃主要品种

'三角洲黎明'簕杜鹃

别　名：'斑叶柠檬黄'
学　名：*Bougainvillea* × *buttiana* 'Delta Dawn'
英文名：无

品种起源

种间杂交品种。

形态特征

藤状灌木，生长势一般。新芽粉红色。新枝绿色。刺长1.0~2.0 cm，顶端弯。叶纸质，新叶周边铜色，成熟叶卵圆形至长卵圆形，基部圆形带急尖，先端短渐尖，长达5.5 cm，宽达5.0 cm，叶面中部绿色，边缘具黄色宽边，二者之间具有不规则的灰色小斑块。花量一般，叶腋着花或枝顶着花，绿枝花序梗绿色；单苞，苞片卵圆形，橙色，老苞带有粉红色阴影；苞片基部心形，顶端圆钝突尖，花后宿存；花被管长1.5 cm，稍缢缩，与苞片同色，星花白色，不显著。

黄色组

江门地区簕杜鹃品种与应用

黄色组

— 188 —

第五章　江门簕杜鹃主要品种

'金色光辉'簕杜鹃

别　　名：'柠檬黄'
学　　名：*Bougainvillea* × *buttiana* 'Golden Glow'
英文名：无

品种起源

芽变自'巴特夫人'簕杜鹃，也有人认为该品种芽变自'麦克林夫人'簕杜鹃。

形态特征

藤状灌木，生长旺盛。新枝翠绿，有绿白相间纵条纹，成熟枝褐色。刺长 0.6~3.0 cm，直立或顶端略弯，绿色，新刺有毛，老刺光滑。叶卵形，中等大小，长 9.1 cm，宽 6.4 cm，淡绿色，略被毛，基部圆形，叶尖短渐尖或急尖。花序着生枝条末端，花序轴绿色或浅褐色；苞片中等大小，圆卵形，基部心形，顶部圆钝急尖，扭曲，苞片橙黄色至柠檬黄色，新苞橙色，成苞黄色；花被管小呈黄色，花无毛或微柔毛；星花不显著。该品种在每年秋季都能进入盛花期，但其耐寒性却不如其他簕杜鹃，安全越冬需 10℃以上才行。

黄色组

'金雀'簕杜鹃

别　名：'软枝黄''小金雀''炮仗黄'
学　名：*Bougainvillea* × *spectoglabra* 'Chili Yellow'
英文名：'Firecracker Yellow'

品种起源

不详。

形态特征

小型藤状灌木。枝条柔软下垂。刺长 0.2~0.6 cm，直立或顶端略弯，嫩刺红褐色，有毛，老刺光滑。叶纸质，叶面微皱，长椭圆状卵形，长 5.0 cm，宽 3.0 cm，基部楔形，顶端短渐尖，绿色。花着生于枝条顶端或上部，花序梗浅橙红色；苞片椭圆形，长 3.0 cm，宽 2.0 cm，基部圆形或浅心形，顶部急尖，幼时金黄色，成熟粉紫色；花被管长约 1.5 cm，黄色至橙红色，无毛或微柔毛；星花上面白色，下面橙红色，显著；雄蕊伸出外露。花期 6~12 月。

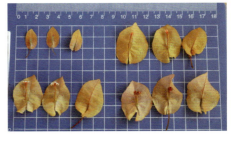

江门地区勒杜鹃品种与应用

黄色组

— 192 —

'蒙娜丽莎黄'簕杜鹃

别　名：无
学　名：*Bougainvillea peruviana* 'Mona Lisa Yellow'
英文名：无

品种起源

芽变自'蒙娜丽莎'簕杜鹃。

形态特征

矮小灌木，直立习性，生长缓慢。新芽及幼叶铜色。嫩枝黄色，成熟枝灰褐色。刺长 0.5~1.0 cm，上部稍弯。叶近革质，叶柄较长，叶片椭圆形，长 4.0~5.5 cm，宽 3.5~4.0 cm；基部圆形带急尖，叶尖急尖至短渐尖，叶缘稍呈波浪状，反卷，叶面凸凹不平，新叶具暗斑，成熟叶暗斑消失，深绿色。花着生于枝条顶端或上部，花序梗黄色；苞片上部稍外翻，椭圆形，长 2.6~3.5 cm，宽 2.2~2.4 cm，基部心形，顶端圆钝突尖，苞片黄色；花被管长约 1.7 cm，黄褐色；星花淡粉色，明显；雄蕊位于花管口，可见。

黄色组

第六节 白色组

'白尾巴'簕杜鹃

别　名：'白狐狸'
学　名：*Bougainvillea* 'White Tail'
英文名：无

品种起源

不详。

形态特征

主要形态性状与'粉尾巴'簕杜鹃基本相近，不同之处在于苞片白色，花更加密集地聚集在枝条顶端和上部。

'伊娃夫人白'簕杜鹃

别　　名：'白苞''晨曲''阿尔巴''绿叶白花'
学　　名：*Bougainvillea glabra* 'Mrs. Eva White'
英文名：'Alba'

品种起源

不详。

形态特征

藤状灌木，长势中等。嫩枝绿色，成熟枝颜色变深。刺长 0.7~1.5 cm，直立或顶端略弯，绿色，新刺有毛，老刺光滑。叶纸质，常呈椭圆形，长 5.0~6.0 cm，宽 3.0~4.0 cm，质地较厚，基部楔形，顶端短尖或短渐尖，嫩叶绿色，老叶更深，叶片中脉明显、清晰。花序着生于枝条顶端，花序梗绿色；苞片椭圆形或宽卵形，顶短急尖，顶端反卷，长约 4.1 cm，宽 3.0 cm，白色，新苞微带绿色；花被管长约 1.8 cm，白色，略带点绿，底部稍微膨胀；星花黄绿色；管口可见雄蕊。每年多次盛花，干苞宿存。

第五章 江门簕杜鹃主要品种

白色组

'爱丽丝小姐'簕杜鹃

别　　名：'新加坡大白花' '新加坡白'
学　　名：*Bougainvillea glabra* 'Ms. Alice'
英 文 名：'Singapore White'

品种起源

来自'新加坡大宫粉'簕杜鹃 *B. glabra* 'Singapore Beauty' 的芽变。

形态特征

藤状灌木，生长一般。幼枝绿色。幼芽浅绿色。刺短，不明显。叶片革质，叶型较大，椭圆形，基部楔形，顶端长渐尖，长 8.0~12 cm，宽 4.0~6.0 cm，成熟叶绿色，新叶亮绿色，无毛。花序开放于枝末端，枝尖成束着花，花量大；苞片特大，长可至 7.0 cm，呈纯白色至淡黄色；花被管基部肿胀，黄绿色，被毛；星花黄绿色；雄蕊不伸出花被管；干苞宿存。极不耐寒。

第五章　江门簕杜鹃主要品种

白色组

'金斑白花'簕杜鹃

别　　名：'佩吉雷德曼'
学　　名：*Bougainvillea glabra* 'Peggy Redman'
英文名：无

品种起源

不详。

形态特征

蔓性灌木，长势较旺盛。新芽及幼叶黄绿色。嫩枝绿色，有短毛，老枝紫褐色。刺长 0.4~1.0 cm，顶端微弯，嫩刺有毛，老刺光滑。叶纸质，椭圆形，长 7.5~9.5 cm，宽 3.5~4.0 cm；基部楔形，叶尖渐尖或急尖，中部绿色，边缘具黄色边，灰色的第 3 色斑块镶嵌分布在叶片中部绿色区域，新叶、成熟叶黄边均明显、鲜艳。花着生于枝条顶端或上部，花序梗绿色；苞片上部外翻，卵形，基部心形，顶端急尖，长 3.1 cm，宽 2.0 cm；苞片白色；花被管长约 1.6 cm，黄绿色，花被管中部缢缩，下部膨大，有短毛；星花黄绿色；雄蕊内藏管口，可见。

第五章 江门簕杜鹃主要品种

白色组

'苏万尼'簕杜鹃

别　　名：'斑叶伊娃夫人''白色条纹''萨旺尼''银边白花'
学　　名：*Bougainvillea glabra* 'Suwannee'
英文名：'White Stripe' ' Mrs. Eva White Variegata'

品种起源

芽变于'银边浅紫'簕杜鹃 *B. glabra* 'Mrs. Eva Mauve Variegata'。

形态特征

蔓性灌木，长势一般。新芽及幼叶绿色带白边色。嫩枝绿色，有短毛，成熟枝褐色。刺长 0.4~1.0 cm。叶纸质，叶片椭圆形，长 2.5~4.5 cm，宽 2.5~3.5 cm；基部宽楔形或圆形，叶尖急尖或短渐尖，叶片中部绿色，边缘具白色边，二者间有灰色小斑块，新叶、成熟叶白边均明显、鲜艳。花着生于枝条顶端或上部，花序梗绿色；苞片上部稍外翻，卵形，基部心形，顶端圆钝突尖，长 3.5 cm，宽 2.1 cm；苞片白色；花被管长约 1.6 cm，白色，偶带绿色条斑，花被管中部缢缩，下部膨大，有短毛；星花白色；雄蕊内藏管口，可见。

第五章 江门簕杜鹃主要品种

白色组

第七节 复色组

'怡锦'簕杜鹃

别　名：'西施''樱花''新娘花束'
学　名：*Bougainvillea × buttiana* 'Cherry Blossom'
英文名：'BridalBouquet' 'Double White' 'Mahara off White'

品种起源

来自著名'重苞粉'簕杜鹃品种 *B. × buttiana* 'Los Banos Beauty' 的芽变，1967 年在菲律宾拉古纳省农业学院由菲律宾植物科学家 Dr. J. V. Pancho（潘乔）首次发布。1968 年获美国植物新品专利，专利号为 USPP3004。

形态特征

直立，生长旺盛。新枝红褐色，嫩枝有毛，成熟枝光滑。刺长 0.5~2.0 cm，直立或顶端略弯，新刺红褐色，有毛，老刺颜色变深。叶纸质，卵圆形至长卵圆形，先端急尖，多数长 5.0 cm，稀长达 7.0 cm，绿色，有短毛。花量大，整个枝条均有花序，20~40 个花苞呈聚伞花序，花序梗红褐色，花后宿存；苞片小，重瓣，卵圆形，花苞片水红色、白粉色，苞片底部白色，顶端带红紫色的粉红色，新萌发的苞片为淡绿色，从底部到顶部由淡绿色到水红色渐变；雄蕊及花萼退化成苞片状；无花被管。

第五章　江门簕杜鹃主要品种

复色组

— 205 —

'奇特拉'簕杜鹃

别　　名：'画报''印度画报'
学　　名：*Bougainvillea* × *buttiana* 'Chitra'
英文名：'BridalBouquet' 'Double White' 'Mahara off White'

品种起源

杂交育种品种。父本为'帕尔博士'簕杜鹃，母本为四倍体'麦克林夫人'簕杜鹃。1981年，由印度3位植物科学家 T. N. Khoshoo、D. Ohri 和 S. C. Sharma 在勒克瑙发布。

形态特征

藤状灌木，长势旺盛。幼枝略带红，被毛，老枝浅褐色。刺褐色，刺大，长 1.2~1.8 cm，顶端略弯，被毛。叶大，近圆形或阔卵形，基部圆形，顶端圆钝具短尾尖，长 3.0~13.0 cm，宽 3.0~8.5 cm，深绿色，无毛，新叶铜色。苞片近圆形，大且厚，基部心形，顶部圆钝，长 2.2~4.5 cm，宽 2.0~4.0 cm，新苞为黄白色，部分苞片的外缘变紫红色，成熟苞片有多色，有白色、粉红色、淡黄色、紫红色以及复色，复色包括内部白色、外部砖红色，内部白色、外部红色，内部白色、外部紫色；花被管长 1.2~2.8 cm，略带红；星花不明显，淡黄色，裂片较凸起；雄蕊伸出花被管。

第五章 江门簕杜鹃主要品种

复色组

'暗斑叶五宝'簕杜鹃

别　　名：'瓢虫蜡染'
学　　名：*Bougainvillea* × *buttiana* 'Ladybird Batik'
英文名：无

品种起源

芽变自'五宝'簕杜鹃 *B.* × *buttiana* 'Ladybird'。

形态特征

藤状灌木，生长势较强。新芽黄绿色。新枝绿色，后变粉红色。刺长 1.0~2.0 cm，顶端直立，老刺粉红色。叶纸质，绿色，主脉两侧有浅黄色暗斑，叶片阔卵形，基部圆形，先端短尾尖，叶片长达 5.0 cm，宽达 5.0 cm。花量大，枝条上部着花，花序梗粉红色；单苞，苞片椭圆形，直立，呈嫣紫红晕，白色的花苞染粉色并带粉红色或红色斑点，基部心形，顶端圆钝突尖，苞脉绿色；花被管长 1.3 cm，基部肿大，中部稍缢缩，绿色；星花白色，显著，雄蕊位于花管口，可见。

第五章　江门簕杜鹃主要品种

复色组

'唐三彩'簕杜鹃

别　　名：无
学　　名：*Bougainvillea* × *buttiana* 'Tang San Cai'
英文名：无

品种起源

不详。

形态特征

2017年3月'圣地亚哥红'簕杜鹃变异，超级大花，主色：金黄—橙—粉渐变，苞片有紫红色和白色喷点或条纹，苞片边缘有时候不规则，苞片薄半透明花色，梦幻美。生长强壮，开花勤。

'婴儿玫瑰'簕杜鹃

别　　名：无
学　　名：*Bougainvillea* × *spectoglabra* 'Baby Rose'
英文名：无

品种起源

不详。

形态特征

小型蔓性灌木，长势一般。新芽及幼叶绿色。嫩枝绿色，有短毛，老枝紫褐色。刺长 0.2~0.8 cm，上部稍弯。叶纸质，椭圆形，长 4.0~5.5 cm，宽 2.5~3.5 cm；基部楔形，叶尖短渐尖，叶缘呈波浪状，叶片绿色。花着生于枝条顶端或上部，花序梗紫褐色；苞片上部稍外翻，椭圆形，长 2.6~3.3 cm，宽 2.2~2.4 cm，基部心形，顶端圆钝突尖，苞片复色，白色的苞片染有粉色，苞脉为紫红色；花被管长约 1.5 cm，浅绿色；星花淡黄色，明显；雄蕊未伸出花被管。该品种枝条柔软，适宜作棚架绿化。

'红樱蝶'簕杜鹃

别　　名：无
学　　名：*Bougainvillea* × *spectoperuviana* 'Hong Ying Die'
英文名：无

品种起源

多色簕杜鹃的蝶化品种。

形态特征

小藤状灌木。叶纸质，常为卵形，边缘不规则，沿侧脉具白色条斑。苞片较小，形态不规则，条形、倒卵形，排列散乱而疏松，玫红色、白色、白色具不规则玫红边等；花被管长约 2.0 cm，褐色至粉红色。

'倾城'簕杜鹃

别　　名：'国色'
学　　名：*Bougainvillea* × *spectoperuviana* 'Begum Sikander'
英文名：无

品种起源

1969 年印度国家植物研究所发布的新品种，由'帕尔博士'簕杜鹃与 *B. spectabilis* 'Jennifer Fernic' 的种间杂交选育而成。

形态特征

藤状灌木，生长较旺盛。新芽及幼叶颜色较浅。嫩枝绿色，成熟枝褐色。刺长 0.5~1.0 cm，直立。叶纸质，长 7.0~9.0 cm，宽 5.0~6.0 cm，卵形，基部阔楔形至圆形，叶尖长渐尖，绿色。花着生于枝条中上部，花序梗粉色；苞片近椭圆形，基部心形，顶端渐狭急尖，长 2.5 cm，宽 2.0 cm；苞片颜色多变，幼苞橙色边，中央浅色，成熟苞片边缘变玫红色或紫色，部分苞片白色带浅粉；花被管长 1.2~1.4 cm，黄绿色或紫红色；星花白色；雄蕊内藏管口，可见。

'椰子冰'簕杜鹃

别　名：无
学　名：*Bougainvillea* × *spectoperuviana* 'Coconut Ice'
英文名：无

品种起源

不详。

形态特征

形态性状基本近于'绿叶双色'簕杜鹃 *B.* × *spectoperuviana* 'Mary Palmer'，不同之处在于苞片白色和玫红复色，或纯白色，白、玫红复色，白色为主，在苞片边缘分布着玫红色斑块。

'魅惑'簕杜鹃

别　　名：无
学　　名：*Bougainvillea* × *spectoperuviana* 'Mei Huo'
英文名：无

品种起源

据说是紫菜先生在泰国花木市场发现并收集到中国，起源不详。

形态特征

形态性状基本近于'绿叶双色'簕杜鹃，不同之处在于夏天苞片为鲜艳的亮粉色，斑点、斑块不明显，其他季节变化多端，白色与粉色的斑块比例和分布变化模式多样，不过白色总是分布在下侧和中央，粉色在边缘和上侧。

'口红'簕杜鹃

别　　名：无
学　　名：*Bougainvillea* × *spectoperuviana* 'Lipstick'
英文名：无

品种起源

1974年，S. N. Zadoo 和 T. N. Khoshoo 在印度北方邦首府 Lucknow 的国家植物研究所发布，由 *B. peruviana* 'Princess Margret Rose' 与 '帕尔博士' 簕杜鹃杂交选育而成（S. Singhe et al., 1999； Datta et al., 2017）。

形态特征

藤状灌木。嫩枝绿色，老枝灰褐色或灰色。刺长 0.4~1.5 cm，顶端略弯，被茸毛，老刺红褐色、光滑。叶绿色，卵形或卵圆形，基部楔形，顶部短渐尖或急尖，长 6.5~10.5 cm，宽 4.5~6.0 cm。花序着生于枝顶，花序梗绿色，苞片椭圆形或卵圆形，基部浅心形，顶部圆钝具突尖，长 3.5 cm，宽 2.8 cm，白色或白与玫红复色，偶出现玫红色苞片；花被管约 1.8 cm，绿色；雄蕊伸出花被管。花不宿存。

第五章　江门簕杜鹃主要品种

复色组

'杂斑叶红心樱花'簕杜鹃

别　　名：'魔法马克瑞斯''魔法冰淇淋'
学　　名：*Bougainvillea* × *spectoperuviana* 'Magic Makris'
英文名：'Magic Ice Cream'

品种起源

芽变自'红心樱花'簕杜鹃。

形态特征

　　藤状灌木，生长势较强。新芽及幼叶铜红色。嫩枝绿色，老枝褐色。刺长 0.5~1.0 cm，直立或上端微弯。叶纸质，长 7.0 cm，宽 4.5 cm，椭圆形、卵形兼有，基部阔楔形至圆形，叶尖渐尖，有的叶片全金黄色，有的叶片边缘绿色，中部有面积不等的金黄色网纹斑。花着生于整个枝条，花序梗浅黄色至褐色；苞片近椭圆形，基部心形，顶端圆钝突尖，长 3.0 cm，宽 2.3 cm；苞片颜色多样，有白、粉、紫等色，模式多样，白、粉、紫纯色苞片及三色的组合复色，十分娇艳；花被管长约 1.8 cm，与苞片同色或为更浅色的黄绿色，中部稍缢缩；星花白色；雄蕊内藏管口，少见。

第五章　江门簕杜鹃主要品种

复色组

'红心樱花'簕杜鹃

别　　名：'冰淇淋''马克瑞斯''花蝴蝶''漳红樱'
学　　名：*Bougainvillea* × *spectoperuviana* 'Makris'
英文名：'Ice Cream' 'Aiskrim'

品种起源

来自'绿叶双色'簕杜鹃的芽变。

形态特征

藤状灌木。嫩枝绿色，成熟枝颜色变深，有纵向条纹，枝条直立或下垂。刺长 0.3~1.5 cm，直立或顶端略弯，嫩刺绿色，有毛，老刺光滑。叶纸质，卵形，中等大小，长 6.0 cm，宽 4.0 cm，基部宽楔形，顶部短渐尖，绿色，无毛。整个枝条均有花序，花序梗浅红褐色或绿色，二回以上分枝，花序密集；苞片椭圆形或近圆形，基部心形，顶端圆钝，长 3.0 cm，宽 2.5 cm；苞片复色，常双色，或淡紫色与白色交错，外缘白色，在花苞片的主脉处带紫色晕块，苞片从底部到顶部由白色向粉红色渐变。花被管长约 1.6 cm，基部稍膨大，中部缢缩，浅红褐色，微被柔毛；星花白色；雄蕊在花被管口可见。

第五章 江门簕杜鹃主要品种

复色组

'欧迪西'簕杜鹃

别　　名：'广红樱'
学　　名：*Bougainvillea* × *spectoperuviana* 'Odisee'
英文名：无

品种起源

来自'绿叶双色'簕杜鹃的芽变，1977年育成（Singh，1999）。

形态特征

形态性状基本近于'红心樱花'簕杜鹃，不同之处在于苞片颜色较淡雅。

第五章 江门簕杜鹃主要品种

复色组

'金心橙白'簕杜鹃

别　　名：无
学　　名：*Bougainvillea* × *spectoperuviana* 'Thimma Special'
英文名：无

品种起源

来自'金心双色'簕杜鹃。

形态特征

植株形态与'金心双色'簕杜鹃相同，但花苞为白色与橙粉色。嫩枝金黄色，密被黑斑，成熟枝颜色变深。刺长0.8~1.5 cm，直立或顶端略弯，嫩刺金黄色，有毛，老刺光滑。叶纸质，卵形，羽状脉，绿色，主脉周边有不规则金黄色斑块。花着生于枝条顶端或上部，花序梗橙红色；苞片卵形，基部圆形，同一枝条的苞片有橙色、白色或橙白复色等多色共存；花被管长约2 cm，浅绿色；雄蕊伸出外露。

第五章　江门簕杜鹃主要品种

复色组

'金心双色'簕杜鹃

别　　名：'赛玛''金心鸳鸯'
学　　名：*Bougainvillea* × *spectoperuviana* 'Thimma'
英文名：无

品种起源

芽变自'绿叶双色'簕杜鹃。由印度班加罗尔的Lalbagh植物公园发布，年份不详。

形态特征

藤状灌木。枝条呈黄褐色或绿色（二者常并存），柔软，长势强，新茎奶黄色或粉红色，有毛；老枝无毛，枝上密被黑色斑点。刺小且稀，长0.6~2.4 cm，直立或顶端略弯，新刺金黄色，有微柔毛；老刺灰绿色，光滑。叶纸质，形态变化大，常为卵形，基部常楔形（偶有圆形、截形），顶部渐尖，卵形，先端渐尖，在绿色的叶面沿中脉两边从叶基至叶端处有不规则的金黄色斑块，成熟叶主脉周边有金黄色斑块，叶缘绿色，老叶颜色更深，也有全绿叶片。花苞片有3种颜色：水红色、白色或复色（苞片上半部水红色，下半部白色），有的一枝全开粉红色或纯白色的花；有的一簇花里既有白色又有粉红色苞片，花苞片较薄，花量大而密集；花被管长约2.0 cm，白色苞片的花被管为淡绿色，水红色苞片的花被管为水红色。全年有花，盛花期为10月至翌年3月。

第五章 江门簕杜鹃主要品种

复色组

'斑叶马鲁'簕杜鹃

别　　名：'银边白斑紫'
学　　名：*Bougainvillea glabra* 'Marlu Variegated'
英文名：无

品种起源

不详，可能来自'马鲁'簕杜鹃 *B. glabra* 'Marlu' 的芽变。

形态特征

藤状灌木，长势中等。幼枝黄绿色，成熟枝褐色，有浅色纵向条纹。刺长 0.5~1.7 cm，直立或顶端略弯，嫩刺褐色，有毛，老刺光滑。叶片椭圆形，长 5.0 cm，宽 3.5 cm，基部楔形，顶端急尖，叶绿色，叶缘有不规则的黄白边，纸质。花着生于枝条顶端或上部，花序梗绿色；苞片椭圆形或卵状椭圆形，长 3.0 cm，宽 2.0 cm，基部圆形，顶端急尖，有尾尖头，苞片多色及复色，多色有紫色苞片、粉色苞片；复色上部或边缘浅紫色，下部或中央粉白色；花被管长约 1.5 cm，浅紫色；星花黄绿色；雄蕊伸出或内藏。

第五章 江门簕杜鹃主要品种

复色组

'马鲁'簕杜鹃

别　名：'白斑紫''雪紫'
学　名：*Bougainvillea glabra* 'Marlu'
英文名：无

品种起源

杂交育成品种，母本为'白色花瀑'簕杜鹃 *B. glabra* 'White Cascade'，父本为'农亚'簕杜鹃 *B. glabra* 'Nonya'。1999 年，澳大利亚昆士兰州的 Jan 和 Peter Iredell 在莫吉尔市培育了该新品种，后在澳大利亚知识产权局出版的《植物新品种》（*Plant Varieties Journal*）期刊 2000 年第 13 卷第 2 期发布。

形态特征

藤状灌木，矮种紧凑型，植株浓密。幼枝深绿色，被毛，老枝褐色。刺长 0.3~0.8 cm，顶端略弯，褐色。叶片形状不规则，椭圆形为主，长 1.4~7.8 cm，宽 0.9~5.1 cm，基部楔形至圆形，顶部渐尖，绿色，无毛。花着生于枝条顶端或上部，花序梗绿色；苞片椭圆形或卵状椭圆形，长 3.0 cm，宽 2.0 cm，基部浅心形，顶端急尖，苞片多色及复色，多色有紫色苞片、粉色苞片；复色上部或边缘浅紫色，下部或中央粉白色；花被管长约 2.0 cm，绿色带浅紫色；星花黄绿色；雄蕊伸出或内藏。

第五章　江门簕杜鹃主要品种

复色组

'先明斑樱花'簕杜鹃

别　　名：无
学　　名：*Bougainvillea peruviana* 'Xian Ming Ban Ying Hua'
英文名：无

品种起源

不详。

形态特征

形态性状近于'泰喜悦'簕杜鹃 *B. peruviana* 'Thai Delight'，不同之处在于新叶边缘具有乳黄色的斑块，成熟叶斑块消失呈绿色。

'泰喜悦'簕杜鹃

别　　名：'帝国喜悦''绿叶樱花''皇家泰国喜悦'
　　　　　'泰国喜悦''白里透红'
学　　名：*Bougainvillea peruviana* 'Thai Delight'
英 文 名：'Imperial Thai Delight' 'Imperial Delight'

品种起源

不详。

形态特征

蔓生灌木，长势中等。新芽绿色。幼枝绿色转褐色。刺中等大小，刺长 0.2~1.8 cm，直立或顶端略弯，绿色，新刺有毛，老刺光滑。叶纸质，阔卵形，基部圆形，顶端短渐尖，绿色，无毛，新叶浅绿色。整个枝条均有花序；花苞片近圆形，基部圆形或浅心形，顶端圆钝，稍微波折，新苞黄绿色，成熟苞片粉白复色，苞片大部分上部呈水红色，下部呈白色，苞脉上面粉红色，下面稍绿色；花被管黄绿色，长 1.5~2.0 cm，中部缢缩，无毛或微柔毛；星花白色，不显著；雄蕊不伸出。花期 1~3 月、7~12 月。优秀的观花品种。

第五章　江门簕杜鹃主要品种

复色组

— 237 —

附录：东湖公园鉴定簕杜鹃工作

附录　东湖公园鉴定簕杜鹃工作

参考文献

陈涛，2008. 叶子花 [M]. 北京：中国农业出版社.

刘悦明，阮琳，周厚高，等，2020. 三角梅品种与分类 [M]. 北京：中国林业出版社.

周群，2009. 三角梅栽培与鉴赏 [M]. 北京：金盾出版社.

DATTA S K, JAYANTHI R, JANAKIRAM T, 2017. Bougainvillea[M]. New India Publishing Agency, New Delhi.

HEIMERL A,1900. Denkschriften der Kaiserjichen Akademie der Wissenschaften, Mathmatisch[J]. Naturwissenschaftliche Classe,70:97-124.

HOLTTUM R E, 1938. The cultivated bougainvilleas[J]. Gdnr's Chron, 103:164-165.

HOLTTUM R E, 1955. The cultivated bougainvilleas III:The varieties of Bougainvillea glabral[J]. Malayan Agri HorTAssoc Magazines, 12:2-11.

HOLTTUM R E, 1957. Bougainvillea Mary Palmer[J]. Malayan Agri Hor T Assoc Magazines, 14:13.

KHOSHOO T N, 1998. Prospectives in bougainvillea breeding[J]. Bougainvillea NewsletteR, 6(2):7-10.

MAC DANIELS L H, 1981. A study of cultivars in Bougainvillea(Nyctaginaceae)[J]. Baileya, 21:77-100.

PAL B P, SWARUP V, 1974. Bougainvilleas [M]. ICAR, New Delhi.

Rov R K, SHI P S, RAJAT R R, 2015. Bougainvillea, Identification, Gardening and Landscape Use[M]. CSIR National Botanical research Institute.

SALAM P, BHARGAV V, GUPTA Y C, et al., 2017. Evolution in Bougainyillea(Bougainvillea Commers.)-A review[J]. Journal of Applied and Natural Science, 9(3):1489-1494.

SINGH B, PANWAR R S,VOLETI S R, et al., 1999. The New Intrenational Bougainvillea Check List(2nd ed.)[M]. NewDelhi:Indian Agricultural Research Institute.

ZADOO S N, ROY R P, KHOSHOO T N，1974. Cytogenetics of cultivated Bougainvilleas I, Morphological Variation. Proc[J]. ladian Natn Sci Acad，41B(2):121-132.

中文名索引

A

'阿尔巴' 196
'爱丽丝小姐' 198
'安格斯' 166
'暗斑大红' 72
'暗斑宫粉' 113
'暗斑夕阳红' 115
'暗斑西洋红' 115
'暗斑猩红' 72
'暗斑叶五宝' 208
'暗斑中国丽人' 121
'暗黑天使' 146
'暗夕' 115

B

'芭芭拉卡斯特' 70
'白斑紫' 232
'白苞' 196
'白狐狸' 195
'白里透红' 236
'白色条纹' 202
'白尾巴' 195
'百日草巴拉特' 93
'百万美元' 74
'斑叶' 182
'斑叶安格斯' 164
'斑叶丽娜' 129
'斑叶马鲁' 230
'斑叶马尼拉小姐' 78
'斑叶柠檬黄' 187

'斑叶水红' 78
'斑叶同安红' 78
'斑叶雪樱' 129
'斑叶洋红公主' 92
'斑叶伊娃夫人' 202
'斑叶伊娃浅紫Ⅱ' 170
'斑叶伊娃浅紫' 168
'宝老橙' 138
'宝塔粉红' 109
'豹斑重红' 89
'爆竹红' 90
'比芭' 119
'比芭娃娃' 119
'冰淇淋' 222

C

'彩虹粉' 113
'超级安格斯' 164
'潮州红' 84
'晨曲' 196
'橙冰' 140
'橙灯笼' 133
'橙蝶' 134
'橙蝶三角梅' 134
'橙红' 136
'橙蝴蝶' 134
'橙雀' 147
'橙桑巴' 152
'橙色嘉年华' 138
'聪明库' 157

'重瓣橙' 142
'重瓣粉' 109

D

'达累斯萨拉安' 99
'大花橙' 138
'大花橙粉' 138
'大花深紫' 166
'大溪地少女' 109
'大叶茄色' 172
'戴维巴里博士' 127
'帝国喜悦' 236
'多布隆' 142
'多纳罗西塔的喜悦' 142

F

'番茄红' 90
'菲律宾大巡游' 109
'菲律宾小姐' 109
'粉红梦幻' 107
'粉红喜悦' 109
'粉红香槟' 109
'粉狐狸' 100
'粉雀' 123
'粉色小精灵' 157
'粉尾巴' 100

G

'广红樱' 224

中文名索引

'国色'	214

H

'红灯笼'	65
'红蝶'	69
'红蝴蝶'	69
'红狐狸'	67
'红雀'	90
'红尾巴'	67
'红心樱花'	222
'红樱蝶'	213
'胡安妮塔哈顿'	72
'虎斑'	102
'花蝴蝶'	222
'花叶米罗'	111
'画报'	206
'皇家泰国喜悦'	236
'黄灯笼'	184
'黄金叶'	180
'黄锦'	142
'火宝石'	152
'火焰'	95

J

'加州黄金'	185
'金'	185
'金斑白花'	200
'金斑橙'	140
'金斑大红'	82
'金边安格斯'	164
'金边大红'	82
'金边马尼拉小姐'	78
'金边玫红'	87
'金边浅紫'	170
'金龙'	170
'金雀'	191
'金色光辉'	189

'金心橙白'	226
'金心双色'	228
'金心鸳鸯'	228
'金色多布隆'	142
'酒红'	99

K

'卡苏米'	149
'卡亚塔'	131
'考爱岛皇家'	166
'口红'	218
'哭泣美人'	182

L

'拉塔拉橙'	134
'拉塔纳红'	69
'辣椒红'	90
'莱特瑞提亚'	99
'莱星粉'	93
'蓝月亮'	87
'亮叶紫'	159
'罗斯福总统'	176
'罗斯维尔喜悦'	142
'洛斯巴诺斯美女'	109
'洛斯巴诺斯美人'	109
'绿叶白花'	196
'绿叶橙'	136
'绿叶玫红'	70
'绿叶樱花'	236
'绿叶重红'	74

M

'麻斑水红'	103
'马哈拉'	74
'马哈拉橙'	142
'马哈拉粉'	109
'马哈拉公主'	74

'马哈拉深红'	74
'马哈拉重瓣红'	74
'马尼拉魔幻红'	74
'马克瑞斯'	222
'马来西亚英达'	155
'马鲁'	232
'马尼拉红'	74
'马尼拉小姐'	76
'麦克林夫人'	136
'玫瑰红'	70
'玫红'	70
'美国红'	84
'魅惑'	216
'蒙娜丽莎黄'	193
'梦幻伊丽莎白安格斯'	162
'梦境'	172
'米罗'	112
'魔法冰淇淋'	220
'魔法马克瑞斯'	220

N

'柠檬黄'	189

O

'欧迪西'	224

P

'炮仗橙'	147
'炮仗粉'	123
'炮仗粉'	125
'炮仗黄'	191
'佩德罗'	97
'佩吉雷德曼'	200
'瓢虫蜡染'	208
'苹果花'	161

— 243 —

Q

- '奇特拉' 206
- '浅茄' 172
- '茄色' 172
- '倾城' 214

R

- '热带彩虹' 82
- '热带花木' 117
- '热带花束' 117
- '热火桑巴' 95
- '日落' 144
- '软枝橙' 147
- '软枝粉' 123
- '软枝粉' 125
- '软枝黄' 191
- '软枝小花红' 90

S

- '洒金粉红' 107
- '洒金宫粉' 107
- '萨旺尼' 202
- '赛玛' 228
- '三角洲黎明' 187
- '桑巴' 95
- '桑德瑞拉' 159
- '沙斑安格斯' 162
- '沙斑塔橙' 150
- '沙斑新加坡粉' 126
- '沙斑叶水红' 103
- '沙斑叶紫' 162
- '圣保罗' 177
- '紫灯笼' 179
- '圣地亚哥红' 84
- '树莓冰' 82
- '水红' 76
- '苏万尼' 202

T

- '塔橙' 149
- '塔希提金' 142
- '塔紫' 157
- '塔紫蝶' 156
- '太阳舞' 115
- '泰国喜悦' 236
- '泰金' 142
- '泰喜悦' 236
- '探戈' 76
- '唐三彩' 210
- '甜梦' 180
- '同安红' 76

W

- '顽皮' 125
- '晚霞' 136
- '维拉粉' 119

X

- '西瓜' 68
- '西施' 204
- '西施重粉' 109
- '夏威夷' 82
- '夏威夷火炬' 157
- '夏威夷猩红' 84
- '先明斑樱花' 234
- '小橙雀' 147
- '小粉雀' 123
- '小粉雀' 125
- '小红雀' 90
- '小金雀' 191
- '小精灵' 150
- '小精灵' 157
- '小叶紫' 177
- '新加坡白' 198
- '新加坡大白花' 198
- '新加坡大宫粉' 127
- '新加坡丽人' 127

Y

- '新娘花束' 204
- '猩红奥哈拉' 84
- '猩红公主' 86
- '雪紫' 232

Y

- '胭脂红' 93
- '椰子冰' 215
- '伊丽莎白安格斯' 166
- '伊娃夫人' 174
- '伊娃夫人白' 196
- '伊娃浅紫' 174
- '伊薇塔' 168
- '怡红' 109
- '怡锦' 204
- '银边白斑紫' 230
- '银边白花' 202
- '银边浅紫' 168
- '印度画报' 206
- '婴儿玫瑰' 211
- '樱花' 204
- '余辉' 136
- '圆叶玫红' 86
- '月光红' 80
- '云南大叶紫' 166
- '运河火' 74

Z

- '杂斑叶红心樱花' 220
- '枣红' 70
- '漳红樱' 222
- '中国丽人' 105
- '砖红' 99
- '兹纳巴拉特' 93
- '紫灯笼' 179
- '紫狐狸' 154
- '紫尾巴' 154
- '总统大花紫' 176
- '祖基' 87

学名索引

Bougainvillea

'Orange Latern' 133
'Pink Tail' 100
'Purple Tail' 154
'Ratana Orange' 134
'Ratana Red' 69
'Red Latern' 65
'Red Tail' 67
'Tiger' 102
'Watermelon' 68
'White Tail' 195
'Yellow Latern' 184

Bougainvillea × buttiana

'An Ban Zhong Guo Li Ren' 121
'An Hei Tian Shi' 146
'Bao Ban Chong Hong' 89
'Barbara Karst' 70
'Bilas' 103
'California Gold' 185
'Cherry Blossom' 204
'China Beauty' 105
'Chitra' 206
'Delta Dawn' 187
'Fantasy Pink' 107
'Golden Glow' 189
'Hua Ye Mi Luo' 111

'Juanita Hatten' 72
'Ladybird Batik' 208
'Los Banos Beauty' 109
'Mahara' 74
'Miss Manila' 76
'Milo' 112
'Miss Manila Variegata' 78
'Moonlight Red' 80
'Mrs. Mc Cleani' 136
'Orange Fiesta' 138
'Orange Ice' 140
'Rainbow Pink' 113
'Roseville's Delight' 142
'Raspberry Ice' 82
'San Diego Red' 84
'Scarlet Queen' 86
'Sundance' 115
'Sunset' 144
'Tang San Cai' 210
'Tropical Bouquet' 117
'Vera Pink' 119
'Zuki' 87

Bougainvillea glabra

'Apple Bolossum' 161
'Dr. David Barry' 127
'Elizabeth Angus Fantasy' 162

'Elizabeth Angus Variegata' 164

'Elizabeth Angus' 166

'Evita' 168

'Golden Dragon' 170

'Inda' 155

'John Lettin Variegata' 129

'Mariel Fitzpatrick' 172

'Marlu Variegated' 230

'Marlu' 232

'Mrs. Eva White' 196

'Mrs. Eva' 174

'Ms. Alice' 198

'Peggy Redman' 200

'President' 176

'Rijnstar' 93

'Sao Paulo' 177

'Sha Ban Xin Jia Po Fen' 126

'Suwannee' 202

'Sweet Dream' 180

'Variegata' 182

'Zi Deng Long' 179

Bougainvillea peruviana

'Mona Lisa Yellow' 193

'Thai Delight' 236

'Xian Ming Ban Ying Hua' 234

Bougainvillea spectabilis

'Fire Opal' 152

'Flame' 95

'Kayata' 131

'Lateritia' 99

'Pedro' 97

Bougainvillea × spectoglabra

'Baby Rose' 211

'Chili Orange' 147

'Chili Purple' 123

'Chili Red' 90

'Chili Yellow' 191

'Kasumi' 149

'Pixie Orange Variegata' 150

'Pixie' 157

'Sanderiana' 159

'Ta Zi Die' 156

Bougainvillea × spectoperuviana

'Begum Sikander' 214

'Coconut Ice' 215

'Hong Ying Die' 213

'Lipstick' 218

'Magic Makris' 220

'Mahatma Dandhi Variegata' 92

'Makris' 222

'Mei Huo' 216

'Mischief' 125

'Odisee' 224

'Thimma' 228

'Thimma Special' 226